# 核电厂运行概述

主　编　丁云峰　李永章

原子能出版社

**图书在版编目(CIP)数据**

核电厂运行概述/丁云峰,李永章主编．—北京：
原子能出版社,2010.9(2024.3重印)
(核电厂新员工入厂培训系列教材)
ISBN 978-7-5022-5041-6

Ⅰ.①核… Ⅱ.①丁… ②李… Ⅲ.①核电厂—运行
—技术培训—教材 Ⅳ.①TM623.7

中国版本图书馆CIP数据核字(2010)第182787号

## 内容简介

本书阐述了压水堆核电厂运行相关的基础知识。全书共分五章,内容包括绪论、核电厂技术规格书、核电厂正常运行、核电厂异常运行和核电厂事故等。

本书是中国核工业集团公司《核电厂新员工入厂培训系列教材》之一,也可供高等院校核反应堆工程专业的师生和从事核电工程的相关人员参考。

**核电厂运行概述**

---

**出版发行** 原子能出版社(北京市海淀区阜成路43号 100048)
**责任编辑** 刘 岩
**技术编辑** 丁怀兰 王亚翠
**责任印制** 赵 明
**印　　刷** 北京天恒嘉业印刷有限公司
**经　　销** 全国新华书店
**开　　本** 787mm×1092mm 1/16
**印　　张** 8.75 **字　数** 217千字
**版　　次** 2010年12月第1版 2024年3月第2次印刷
**书　　号** ISBN 978-7-5022-5041-6 **定　价** 45.00元

---

**网址:http://www.aep.com.cn** **E-mail:atomep123@126.com**
**发行电话:010-68452845**

# 中国核工业集团公司<br>核电培训教材编审委员会

# 核电厂新员工基础理论培训教材
# 编　辑　部

**名誉主任**　王乃彦

**主　　任**　李和香

**副 主 任**　肖　武　李济民

**顾　　问**　（按姓氏拼音顺序排列）
李文琰　罗璋琳　浦胜娣　邵向业　郑福裕

**编　　者**　（按姓氏拼音顺序排列）
陈树明　丁云峰　郝老迷　李永章　刘惠枫
浦胜娣　阮於珍　苏淑娟　田传久　夏延龄
于　宏　章　超　张松梅　赵郁森　郑福裕

**本册主编**　丁云峰　李永章

**本册校审**　郑福裕

**本册统审**　（按姓氏拼音顺序排列）
廖江龙　朱元武

# 总　序

核工业作为国家高科技战略性产业，是国家安全的重要基石、重要的清洁能源供应，以及综合国力和大国地位的重要标志。

1978年以来，我国核工业第二次创业。中国核工业集团公司走出了一条以我为主发展民族核电的成功道路。在长期的核电设计、建造、运行和管理过程中，积累了丰富的实践和理论经验，在与国际同行合作过程中，实现了技术和管理与国际先进水平相接轨，取得了骄人的业绩。

中国核工业集团公司在三十多年的核电建设中，经历了起步、小批量建设、快速发展三个阶段。我国先后建成了秦山、大亚湾、田湾三大核电基地，实现了我国大陆核电“零”的突破、国产化的重大跨越、核电管理与国际接轨，走出了一条以我为主，发展民族核电的成功之路。在最近几年中，发展尤为迅猛。截至2008年底，核电运行机组11台，装机容量907.82万千瓦，全部稳定运行，态势良好。

进入新世纪，党中央、国务院和中央军委对核工业发展高度重视、极为关怀，对核工业做出了新的战略决策。胡锦涛总书记指出：“无论从促进经济社会发展看，还是从保障国家安全看，我们都必须切实把我国核事业发展好”。发展核电是优化能源结构、保障能源安全、满足经济社会发展需求的重要途径。2007年10月，国务院正式颁布了《核电中长期发展规划(2005—2020年)》。核电进入了快速、规模化、跨越式发展的新阶段。

在中国核电大发展之际，中国核工业集团公司继续以“核安全是核工业的生命线”的核安全文化理念和“透明、坦诚和开放”的企业管理心态，以推动核电又好又快又安全发展为己任，为加速培养核电发展所需的各类人才，组织核电领域专家，全面系统地对核电设计、工程建造、电站调试、生产准备和生产运营等各阶段的知识进行了梳理，构造了有逻辑性、系统性的核电知识体系，形成了覆盖核电各阶段的核电工程培训系列教材。

这套教材作为培养核电人才的重要工具，是国内目前第一套专业化、体系化、公开出版的核电人才培养系列教材，有助于开展培训工作，提高培训质量、节约培训成本，夯实核电发展基础。它集中了全集团的优势，突出高起点、实用性强，是集团化、专业化运作的又一次实践，是中国核工业50余年知识管理的积淀，是中国核工业10万人多年总结和实践经验的结晶。

21世纪是“以人为本”的知识经济时代，拥有足够的优秀人才是企业持续发展的重要基础。中国核工业集团公司愿以这套教材为核电发展开路，为业界理论探讨、实践交流提供参考。

我们要继续以科学发展观为指导，认真贯彻落实党中央、国务院的指示精神，积极推进核电产业发展。特别是要把总结核电建设经验作为一项长期的工作来抓，不断更新和完善人才教育培训体系。

核电培训系列教材可广泛用于核电厂人员培训，也可用于核电管理者的学习工具书，对于有针对性地解决核电厂生产实践和管理问题具有重要的参考价值。

中国核工业集团公司总经理 孙勤

2009年9月9日

# 前　言

本书是以核工业研究生部《压水堆核电厂运行》培训教材为基础，根据核电厂新员工（非操纵人员）基础理论培训的基本要求，在编写大纲、广泛听取核电厂意见的基础上编写而成的，是中国核工业集团公司核电培训教材编制规划中《核电厂新员工入厂培训系列教材》之一。现定名为《核电厂运行概述》(简称《概述》)。

《概述》主要面向非运行人员，因此对《压水堆核电厂运行》有关章节的内容进行了删减。《概述》主要取材于美国西屋公司有关压水堆核电厂培训资料，所以基本体系是以美国西屋型电厂为主，适当结合我国核电厂的有关材料。《概述》是一本概论性的教材，它介绍的压水堆核电厂运行具有普遍性。《概述》内容明确了它不是以某一特定压水堆核电厂的运行文件和实践为依据，书中所给出的数据、系统，核电厂的启动、停闭步骤不可能与某一核电厂完全吻合，而是力图给学员一个完整的概念。

核电厂运行是一门实践课，应该理论联系实际，一方面要介绍必要的知识，重要的运行文件，如核电厂技术规格书、运行规程等；另一方面，一定要通过实际操作训练，也就是说学员应该在全范围核电厂模拟机上培训，这样才能理解深刻、掌握牢固。现在课堂上讲运行，只能给学员介绍核电厂运行基本知识，勾画出核电厂运行的轮廓，使学员对核电厂运行全过程有初步了解，为以后学习打下基础。

《概述》共分五章，内容包括第一章绪论，重点介绍了核电厂运行的特点；第二章核电厂技术规格书，这是核电厂最重要的运行文件；第三章核电厂正常运行，结合正常运行规程介绍正常运行全过程；第四章核电厂异常运行，结合异常运行规程介绍部分异常运行；第五章核电厂事故，重点介绍了美国三哩岛事故后，美国西屋型压水堆核电厂的应急运行规程的特点及内容，并介绍了典型事故之一——蒸汽发生器传热管破裂。

本书在编写过程中得到了邵向业研究员、郑福裕教授的悉心指导，本书的出版得到核工业研究生部、秦山核电公司、核电秦山联营有限公司、大亚湾核电运营管理有限责任公司以及原子能出版社等单位和有关同志的大力支持，编者表示诚挚的谢意。

由于编者水平有限，书中出现某些问题在所难免，敬请读者批评指正。

编　者

2010年4月

# 目　　录

## 第一章　绪　论



## 第二章　核电厂技术规格书

## 第三章　核电厂正常运行



## 第四章　核电厂异常运行

## 第五章 核电厂事故

# 第一章 绪论

## 1.1 核电厂运行特点

核电厂运行与现代化石燃料(煤炭、石油、天然气)电厂运行基本相似,即按照电网的负荷需求调节热源的输出功率,使其与电网的负荷相平衡,生产出合格的电力。其不同之处在于前者是利用核裂变产生的能量,而后者则是利用燃烧化石燃料产生的能量。图 1-1-1 给出了压水堆核电厂简化工艺流程,图 1-1-2 给出了过热和再热化石燃料电厂简化工艺流程。

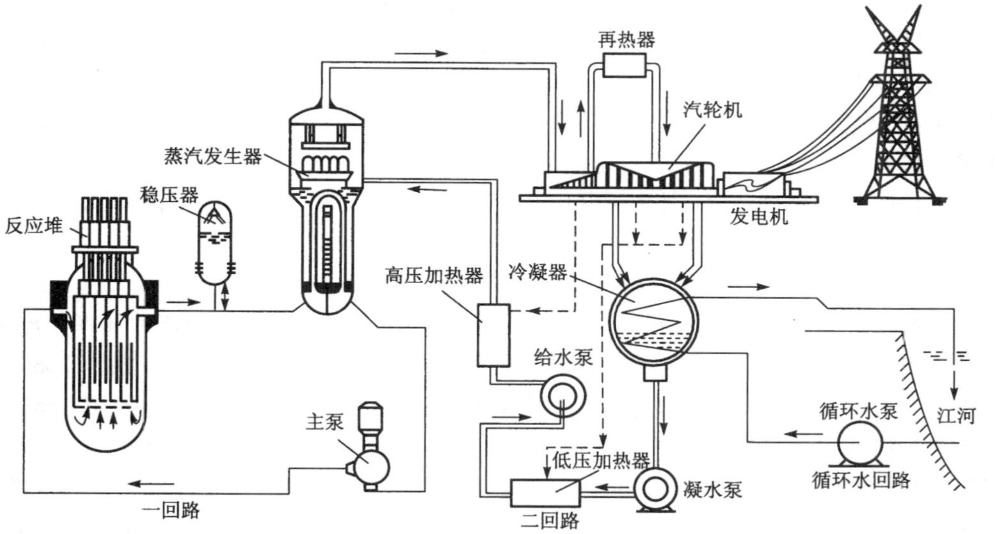


图 1-1-1 压水堆核电厂简化工艺流程

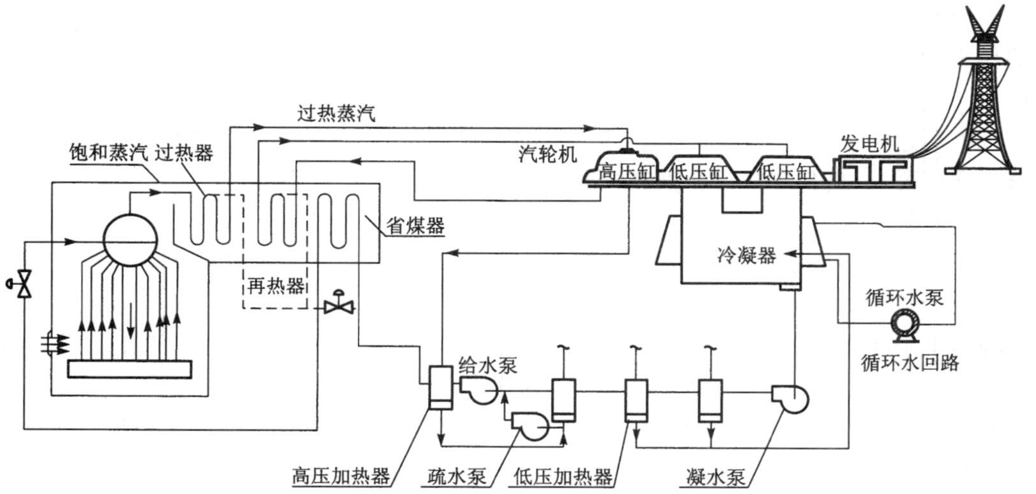


图 1-1-2 过热和再热化石燃料电厂简化工艺流程

下面简要归纳压水堆核电厂运行与化石燃料电厂、研究堆运行的特点。

### 1.1.1 压水堆核电厂与化石燃料电厂的比较

(1) 反应堆临界是核电厂运行特点之一

核电厂和化石燃料电厂一样，都是将热能转换成电能。化石燃料电厂是将化石燃料加入燃烧炉内，在炉膛内有足够高的温度，燃料和充足的空气条件下，使化石燃料得到燃烧，由化学反应产生的热能转换成电能。化石燃料电厂可以连续不断地向锅炉供给燃料。化石燃料电厂显然需要消耗大量的氧气和排放出大量的二氧化碳(化石燃料电厂每发 1 度电约产生 1 kg 的二氧化碳)。

核电厂则是利用在反应堆内原子核裂变产生热能转换成电能。反应堆只有在临界下，才能实现自持链式反应。为了能维持反应堆内核燃料的链式裂变反应，并能持续较长的时间，反应堆内的核燃料装载量必须一次性装入大于反应堆临界所需的量，以克服冷态至热态、功率亏损、平衡氙毒、燃料消耗以及裂变产物积累等所引起的反应性损失，使反应堆能在较长的期限(堆芯寿期)内实现链式反应。在反应堆堆芯寿期末，堆芯内所装的核燃料并非全部燃尽，而是所剩的核燃料在克服功率亏损、氙毒等因素引起的反应性损失后，反应堆不再能维持设计所规定的满功率或一定功率长期连续运行，也即在维持一定功率下，反应堆不能在较长的时间内维持临界，因此核电厂必须定期停堆换料。反应堆达到临界才能工作，这是核电厂与化石燃料电厂明显不同之处。

(2) 核电厂反应堆内产生和积累了大量的放射性物质

反应堆在核裂变过程中，在放出大量能量的同时，还产生放射性裂变碎片和释放出中子。一座电功率为 1 000 MW 核电厂的反应堆内约积累放射性物质 $6\times10^{10}\sim7\times10^{10}$ GBq。正是由于核电厂有大量放射性物质的存在，才使得核电厂的辐射安全问题成为设计者、建造者和营运者首先关注的问题。这些放射性物质绝大部分被燃料元件的包壳所包容，因此，在核电厂正常运行期间，如果能保持燃料元件包壳的完整性，从燃料中向环境释放大量放射性物质的情况就不可能发生，也就不会对周围环境造成任何危害。保持燃料包壳的完整性主要依赖于对燃料的充分冷却，为此，最重要的是要保持反应堆冷却剂系统压力边界的完整性，这既可防止冷却剂流失，也可避免引起冷却效率降低。在防止放射性物质释放方面，完整的压力边界和安全壳又是燃料元件包壳的补充措施，因而，使事故概率及其后果减到最小。

核电厂正常运行中，还会产生气、液、固态放射性废物，由于采取了必要措施，可以满足国家标准的要求，也只有在符合国家标准的情况下才允许排放。

中子和射线对反应堆内部构件及其他材料的活化，使核电厂一回路及其辅助系统，不论在核电厂运行或停闭期间，都会有较强的放射性，这是核电厂显著的特点之一。

(3) 相当可观的剩余释热

堆芯剩余释热是指反应堆停堆后堆芯内的释热。它由两部分组成：一部分是剩余裂变发热；另一部分是衰变热。停堆后反应堆内相应于剩余释热的功率被称为剩余功率。

**剩余裂变发热** 停堆后，剩余中子继续引起裂变，从而导致反应堆继续发热。剩余中子包括瞬发中子和缓发中子。瞬发中子贡献部分通常随时间衰减得非常快，缓发中子部分起主要作用。

**衰变热** 衰变热包括裂变产物和中子俘获反应产物的放射性衰变释放出的热量。

从上述讨论可知，在反应堆停闭后，堆芯不能立即停止冷却或快速将反应堆冷却到要求的温度以下，而是必须继续冷却一定的时间，这也正是为什么在反应堆冷却剂泵电机轴上设有一大的惯性飞轮的缘故。在核电厂停堆换料期间，也不能停止冷却，否则会因衰变热引起冷却剂沸腾甚至燃料元件过热而被烧毁。为此，核电厂不仅设有反应堆冷却剂系统，而且设有余热排出系统。

(4) 核电厂系统、设备复杂

一座大型核电厂约有 250 个系统，其中又分完全与质量和核安全相关系统，部分与质量和核安全相关系统以及与质量相关和无关系统等。设备中仅阀门就约有 40 000 只左右(美国西屋公司设计的现役核电站)，而相同规模的化石燃料电厂则只有 4 000 只左右，且多为手动；核电厂正常运行瞬变比化石燃料电厂要快得多，因而使得操纵人员驾驭核电厂顺利渡过瞬变更困难；压水堆核电厂反应堆冷却剂系统含有硼，频繁的负荷变化势必造成繁杂的操作和废水量增加；核电厂投资比化石燃料电厂高，而单位电价中核燃料所占比例又远比化石燃料低。因此，目前的核电厂多为带基本负荷即按满功率运行。随着机组容量增大和电网内核电机组的增多，带基本负荷已不能满足一些电网要求，因而根据电网需求，也有一些核电机组，设计成按 3-12-3-6 或 2-12-2-8 的方式运行(即用 3 h 将核电厂功率从 50%提升到 100%，以 100%功率运行 12 h，然后用 3 h 将核电厂功率降到 50%，以 50%功率运行 6 h。其他类同)。

(5) 使用饱和蒸汽

绝大多数核电厂使用饱和蒸汽，而现代化石燃料电厂使用过热蒸汽。由于饱和蒸汽的热焓比过热蒸汽低，因而相同规模的核电厂使用的蒸汽管道、汽轮机、调节阀门等的尺寸都比较大，其运行特点也有所不同。

### 1.1.2 压水堆核电厂与研究堆的比较

(1) 研究堆的特点

① 运行时堆功率的恒值调节

由于这种类型的热能不被利用，因此从功率调节的意义来说它没有负荷。堆内的辐照材料器件与试验装置对反应堆来说没有反馈，是稳定功率运行的。所以，研究堆的功率调节比核电厂简单得多，改变功率后重新稳定也快得多(铀氢锆脉冲堆除外)。

② 系统简单、运行操作方便

由于大多数研究堆规模小、系统数量少且简单，并在低温低压下运行，功率低又不带外部负荷，所以，反应堆的启动、停闭操作简单方便。

③ 堆功率的不固定以及反应性的经常变化

研究堆主要用于试验研究或兼用于同位素辐照等，所以运行功率要兼顾诸方面的要求。一般情况下，试验研究要求堆功率开得尽量低，运行时间尽量短，只要满足要求即可。研究堆总是间断性运行的，所以其中某些反应性变化例如毒性呈现一种周期性变化。“碘坑”中启动，对研究堆来说是常见的。对多用途的研究堆在一个开堆周期中，要经常向堆芯取放辐照件，每次都会引起反应性的变化。对于一些反应性变化较大的操作，是在停堆时进行的。

(2) 压水堆核电厂与研究堆运行的不同之处

① 压水堆核电厂运行有汽轮机快速降负荷功能,而研究堆没有快速降负荷功能。

由于核电厂不仅有核岛(主要包括一回路)部分,还包括一个完整的常规岛(主要包括二回路)部分,系统多而复杂,从冷停堆到热态零功率,需要经过比较长时间的加热升温过程(包括在稳压器内建立汽腔)。因此,在核电厂运行中,不希望且尽量避免紧急停堆,既保证了反应堆安全,又能提供合格的电力。核电厂的反应堆保护系统还设计成,一旦运行到接近危及安全运行工况的指示信号,该系统除了触发警告信号以外,还能防止自动提升控制棒(停棒),同时触发汽轮机快速降负荷,从而使反应堆的功率下降。这样就避免和尽量减少不必要的停堆次数,缓解了保证反应堆安全与减少核电厂停堆的矛盾。

在压水堆核电厂中,一回路和二回路均可以引起汽轮机快速降负荷。一回路引起汽轮机快速降负荷有两种情况:一种发生在超温 $\Delta T$ 值比其事故保护停堆值低 3%时;另一种是发生在超功率 $\Delta T$ 值比其事故保护停堆值低 3%时。二回路引起的汽轮机快速降负荷在此不再介绍。

当反应堆保护系统接到汽轮机快速降负荷信号时,汽轮机将以 200%FP/min 的负荷变化率快速降负荷,持续 1.5 s(即下降了 5%FP),等待 28.5 s后,如果信号依然存在,则再次快速降负荷 5%FP,直至信号消失为止。

② 载硼运行是压水堆核电厂运行的一个重要特点,一般研究堆都不采用硼溶液来控制反应堆。

载硼运行可以带来很多好处,首先通过载硼运行可以控制较大的反应性,满足反应堆长时间运行的需求,如燃耗、裂变产物的积累等;其次通过硼浓度的调节,可以使反应堆内的控制棒仅留下调节棒组,有利于通量分布的改善,提高了运行的安全性和经济性;通过载硼运行,可以减少控制棒的数目,减少了压力容器顶部的开孔数目,提高了压力容器的安全性;当反应堆停闭后,为了保证有足够的停堆深度,避免反应堆重返临界,可以通过注硼的方式来实现。

当然,载硼运行也会带来一些问题,首先增加了系统的复杂性,由于载硼运行使压水堆核电厂设置了一个内容庞大的一回路辅助系统,即化学和容积控制系统,增加了核电厂运行的复杂性;其次,硼浓度过高可能会导致慢化剂温度系数为正值,这对核电厂运行安全是十分不利的,为保证核电厂的安全运行,必须保证慢化剂温度系数为负值,因此,在核电厂运行技术规格书中有明确要求,临界时慢化剂中的硼浓度不能超过规定值(一般为 1 300～1 400 ppm[①]),同时规定了最低临界温度;硼浓度的调节是一个较为缓慢的过程,可以跟踪负荷的缓慢变化,对于快速的负荷变化,则需要控制棒来调节,在硼浓度的调节过程中必然也会增加废物量。

## 1.2 核电厂工况分类

在压水堆核电厂最终安全分析报告中的第 15 章事故分析中,通常包括几种瞬态和事故分析。所分析的事件分为四类,即工况Ⅰ——正常运行和运行瞬态、工况Ⅱ——中等频度事

① ppm $=10^{-6}$。

件、工况Ⅲ——稀有事件、工况Ⅳ——极限事故,下面依次对其进行讨论。

### 1.2.1 正常运行和运行瞬态

正常运行是指在核电厂功率运行、燃料更换、维修过程中频繁发生的事件。

典型的事件有:

(1) 稳态和停堆运行

- 功率运行满功率
- 启动或热备用
- 热停堆
- 换料停堆

(2) 带有允许偏差运行

核电厂在连续运行期间,可能发生超出设计定值但仍处于核电厂技术规格书允许范围的各种偏差,如:

- 某些系统或部件不能工作
- 燃料元件包壳有缺陷
- 反应堆冷却剂中的放射性活度偏高(主要是由裂变产物、腐蚀产物、氚等引起的)
- 蒸汽发生器有泄漏,但没有达到技术规范允许的最大值
- 技术规格书中允许在运行过程中做的试验

(3) 运行试验

- 核电厂升温和降温
- 负荷阶跃变化
- 负荷线性变化
- 甩负荷

### 1.2.2 中等频度事件

这类事件在最坏的情况下,会使反应堆紧急停堆,但核电厂能很快恢复运行,不会扩展并引起更严重的事件,如燃料元件棒损坏或反应堆冷却剂系统超压等。下列事件属于此类事件:

- 引起给水温度下降的给水系统失灵
- 引起给水流量增加的给水系统失灵
- 二回路蒸汽流量过度增加
- 主蒸汽系统事故卸压
- 外部负荷丧失
- 汽轮机跳闸
- 主蒸汽隔离阀意外关闭
- 凝汽器真空丧失及其他导致汽轮机跳闸的事件
- 核电厂辅助设备非应急交流电源丧失
- 正常给水流量丧失
- 反应堆冷却剂强迫流量部分丧失

- 一组棒束控制组件在次临界或低功率启动工况下失控抽出
- 一组棒束控制组件在功率运行工况下失控抽出
- 棒束控制组件下落
- 一条具有不正确温度的非在役反应堆冷却剂环路的启动
- 导致反应堆冷却剂内硼浓度降低的化学和容积控制系统失灵
- 功率运行期间安全注射系统误运行
- 稳压器安全阀误开

### 1.2.3 稀有事件

该类事件在核电厂寿期内可能是非常稀有的(发生频度 $10^{-4}$～$10^{-2}$/堆·年),但一旦发生此类事件将有可能造成部分燃料损坏,使得核电厂在相当长的期限内不能恢复运行。但是,事件所产生的放射性污染不会导致停止或者限制使用隔离半径以外的公用地区,也不会失去冷却剂系统或安全壳屏蔽的功能。属于此类事件的有:

- 蒸汽系统小管道破裂
- 反应堆冷却剂强迫流量全部丧失(频率快速降低的瞬变)
- 单个棒束控制组件在满功率下抽出
- 燃料组件意外装载和运行在错误位置
- 稳压器安全阀误开启保持在卡开位置
- 反应堆冷却剂从小破裂管道或大管道裂纹的流失
- 废气处理系统破损
- 放射性废液系统泄漏或破损

### 1.2.4 极限事故

极限事故一般是不会发生的设计假想事故(发生频度 $10^{-6}$～$10^{-4}$/堆·年)。一旦发生此类事故,其后果是严重的,但不会使裂变产物向环境释放致使公众健康和安全受到危害。单一的极限事故不会相继引起对付事故所需要系统功能的丧失,如应急堆芯冷却系统和安全壳系统等的功能丧失。此类事故有:

- 蒸汽系统大管道破裂
- 给水系统管道破裂
- 反应堆冷却剂泵轴卡住(转子卡住)
- 反应堆冷却剂泵轴断裂
- 各种棒束控制组件弹出堆外
- 蒸汽发生器传热管破裂
- 反应堆冷却剂压力边界内假想的不同尺寸管道破裂引起的失水事故
- 燃料装卸事故
- 乏燃料容器坠落事故

以上讨论的四类核电厂运行工况具有普遍性,其差异处均取决于每个核电厂的特殊性。

## 1.3 核电厂的运行文件

随着核电技术的发展，现在的核电厂（不管压水堆型，还是沸水堆型）早已是商业化的成熟的产品了，因此管理较完善，运行文件也较齐全。核电厂的运行文件很多，概括起来分为管理性和技术性两个方面的内容，分别对正常运行、故障和事故紧急情况作出详细的、书面的和经过批准的规程和指令，操纵人员应该严格按照这些规程和指令进行工作。

具体管理性文件包括：

- 运行安全管理
- 运行指挥调度管理
- 运行指标管理
- 运行计划管理
- 内部经验反馈及事件管理
- 运行大修管理
- 运行交接班管理
- 运行巡检管理
- 运行值班管理
- 运行记录管理
- 临时控制变更（TCA）管理
- 临时特殊设施（TSD）管理
- 应急管理
- 定期试验管理
- 主控制室人员控制管理
- 核电厂防火大纲
- 在役检查
- 质量保证大纲
- 核燃料管理
- 废物管理与环境保护
- 辐射防护
- 工业安全
- 生产程序管理
- 变更管理等

技术性文件主要包括技术规格书与运行规程、技术导则。

### 1.3.1 技术规格书

这是最重要的文件，它是制订核电厂运行规程的重要依据。现在核电厂的最终安全分析报告中的第16章就是技术规格书。在美国核电厂中，运行人员都将它称之为运行“圣经”，可见其重要性。关于技术规格书的问题，将在第二章里专门讨论。

### 1.3.2 运行规程

不同的压水堆核电厂其运行规程虽有差异，但基本相同。下面介绍的是大亚湾核电厂的运行规程概况。这个运行规程体系考虑了核电厂在役期间安全运行所需规程。它包括运行规程和定期试验规程两大类。

(1) 第一类规程—运行规程

运行规程是核电厂运行的各种工况下运行人员进行操作控制的依据，其构成见图 1-3-1。

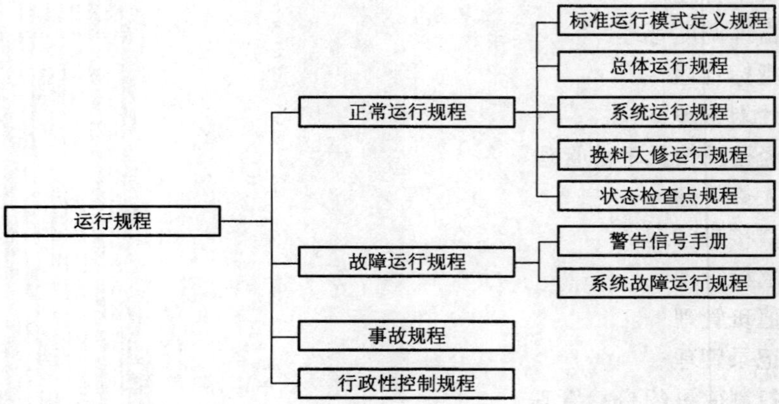


图 1-3-1 运行规程简图

① 正常运行规程

在大亚湾核电厂里，按反应堆的温度和压力等参数定义了反应堆完全卸料模式、换料停堆模式、维修停堆模式、RRA 冷却正常停堆模式、蒸汽发生器冷却正常停堆模式、反应堆功率运行模式等六个运行模式。各个标准运行模式之间转换需使用总运行规程。

a. 总体运行规程

每个总体运行规程描述使所有系统和回路可用的全部操作，它参照系统运行规程进行特定的操作，主要包括：

- 参考文献
- 需遵从的所有注意事项，如技术限制，设备可用性和投运等
- 所用的系统运行规程，定期试验规程和检查点规程的编码
- 预检查操作
- 一些专门操作
- 一步一步的操作和监视

b. 系统运行规程

大亚湾核电厂全厂的设备和回路按功能组合划分为约 300 个基本系统。系统运行规程详细描述单个系统的启动、停止、跟踪和监视的所有操作以及与本系统有关的故障处理。

c. 换料大修运行规程

这类规程形式近似于总运行规程，但只用于换料和年度大修。它描述启、停或保持机组

在任一标准工况的全部操作,并参照系统运行规程进行特定的操作。

d. 状态检查点规程

• 静态检查点规程

这类规程在一回路处于某一冷停堆标准运行模式时使用。它用来检查相应的冷停堆标准运行模式所要求的与核安全相关的系统和设备的可用性。

• 动态检查点规程

这类规程在从一个标准运行模式转变为另一标准运行模式时使用。它用来检查转变为另一标准运行模式所要求的与核安全相关的系统和设备的可用性。

② 故障运行规程

a. 警告信号手册

在主控室和现场控制室里,对应于每一警告信号光字牌,都有一个警告信号卡,警告信号卡包括下列内容:

• 对应的计算机记录信号
• 发信号传感器、报警定值
• 原因
• 要执行的操作
• 后果
• 可能发生的危险
• 有关程序和有关电源

每个系统的警告信号卡汇编为该系统的警告信号手册。

b. 系统故障运行规程

这个类型的运行规程处理发生于整个基本系统的故障。它除了给出警告信号卡相同的内容外,还描述了运行人员所需执行的紧急操作和后续操作。同时,还描述了将受故障影响的各系统置于某一安全状态所需的全部操作。

③ 事故规程

这类规程在事故发生时使用。事故规程分为几个部分,即:

• 值长操作单
• 一回路操纵员操作单
• 二回路操纵员操作单
• 控制区操作员操作单
• 非控制区操作员操作单
• 隔离经理操作单

事故规程的编写形式不同于其他规程,它使用逻辑框图来进行一步一步的操作、检查和监视。

④ 行政性控制规程

这一类规程用于实施对设备的行政性的规定。它描述对应于机组的不同工况使机组安全运行所需执行的操作。

(2) 第二类规程—定期试验规程

定期试验是实施核电厂监督大纲的主要手段。

定期试验规程用于定期地检查系统的可用性，或用于在检修工作完成后对系统的功能进行重新鉴定。

通过进行定期试验，确证所有与核安全相关系统的可用性符合对应于机组不同运行模式条件下的技术规范的要求。

核电厂运行期间，运行人员应该严格遵照运行文件的规定进行工作。没有运行文件为依据的运行操作是不允许的，已发生过的大部分运行事故分析结论表明由于操作人员自认为正确，违反技术规格书与运行规程而引起的事故占事故原因绝大部分。因此，每个核电厂在投入运行时，必须要备有一套完整的运行文件并教育运行人员养成严格遵守规程的良好习惯。

## 复习思考题

1. 试述核电厂运行的特点。
2. 核电厂运行工况分哪几类？
3. 什么是汽轮机的自动快速降负荷(runback)？

# 第二章　核电厂技术规格书

## 2.1　总　述

核电厂技术规格书是最终安全分析报告的第16章，是核电厂制定运行规程的重要依据，所以说它是最重要的运行文件之一。

美国是世界上最早发展核电的国家之一，其规模和数量均位居世界前列。美国核电厂的运行经验是丰富的，逐步建立起来的安全运行体系经过不断的完善与改进，成为其他国家参考的典范。继美国之后发展起来的国家如法国、德国、日本等，都是在美国的基础上消化和吸收，继承和发展成为各自的体系，其中法国最为突出。我国秦山一期核电厂的技术规格书就是参照美国西屋公司核电厂的技术规格书修改而完成的。我国的广东大亚湾核电厂是引进法国核电技术而建造的，它的技术规格书则是参照法国核电厂的技术规格书编写的。

本章内容主要介绍美国核管会(NRC)颁发的核电厂技术规格书的内容和格式。

无论哪个核电厂的技术规格书都是大同小异，重要的内容都包括在内，重要的部分随后都有相应的理论依据(BASES)。

美国核管会颁发的核电厂技术规格书的内容包括定义、安全限值和安全系统限值的设定、运行限制条件、监测要求、设计特点、行政管理等六个部分。广东大亚湾核电厂的技术规格书内容包括定义、安全限值、保护阈值、运行限制条件、监督要求、行政管理规定等六个部分。

在核电厂技术规格书中，首先给出核电厂运行中重要术语的定义是很重要的，也是很有必要的，定义应该清楚易懂，以防止运行人员错误理解。例如，在运行文件中只要碰到"MODE 1"，大家都明确这是第一种运行模式，即功率运行模式。

在美国西屋公司类型核电厂技术规格书中，所有术语定义均以大写字母形式出现，如"MODE，OPERABLE，…"因此在正文中只要见到出现全部大写字母的术语，肯定在定义部分有明确定义。

安全限值是指工艺参数变化的限值范围，顾名思义，即在限值之内，核电厂的运行是安全的。确定安全限值的目的是不允许出现不可接受的、高出设计和标准文件规定的核电厂放射性物质释放。

在实际运行中，有些安全限值并不能够直接测量，如DNBR、燃料温度等，需要通过一些可以测量的参数加以限制，如堆功率、冷却剂流量、冷却剂温度等，以保证安全限值不会被突破。安全系统整定值就是这些可直接测量的参数，它是相应自动保护装置的触发点，用来引入控制保护行为，目的是防止超过安全限值和处理预期运行事件。

运行限制条件是为了保证安全运行和防止达到触发安全系统动作的定值，同时为了保证安全系统在事故发生时可执行必要的安全功能。确定正常运行限值和条件的目的是为了保证正常运行参数和安全系统定值之间有一个可以接受的范围。它包括运行参数限值，最少工作设备数量上的要求，最少人员需求量和规定的运行人员应采取的行动。它是对安全系统整定值的进一步约束。

监测要求是指保证运行限值和条件而必须进行的安全系统定期检查、试验、校定和检验。它与运行限制条件是相对应的，与运行限制条件部分条数相同，目的是确信核电厂运行是否满足限制条件的要求。

## 2.2 定 义

如前所述，核电厂技术规格书中重要术语的定义是很重要的，为了核电厂的安全运行，对特定核电厂运行中出现的一些专门术语，给出清楚的定义，不仅明确、统一，而且便于使用。

核电厂运行术语的多少，各个电厂不尽相同，但是重要的术语都包括了。下面对一些重要的术语加以介绍。

(1) 动作(ACTION)

动作是指安全运行技术规格书中规定的需要人员采取补救措施的部分，在指定条件下应采取的和指定时间内应完成的行动。

(2) 泄漏(LEAKAGE)

泄漏可分为四种，定义如下：

① 可控泄漏(CONTROLLED LEAKAGE)

可控泄漏是指供给反应堆冷却剂泵密封的密封水流量。

② 可识别的泄漏(IDENTIFIED LEAKAGE)

可识别的泄漏包括：

a. 来自泵密封或阀门填料处的泄漏(反应堆冷却剂泵密封水注入和排出除外)，被收集并导入收集系统、地坑或收集水箱；

b. 从确定的位置和已知的来源漏到安全壳大气的泄漏。这些来源既不影响泄漏探测系统的运行，也不是压力边界泄漏；

c. 反应堆冷却剂系统通过蒸汽发生器漏到二回路系统的泄漏。

③ 不可识别的泄漏(UNIDENTIFIED LEAKAGE)

不可识别的泄漏是指不属可识别的泄漏或可控泄漏的所有泄漏(反应堆冷却剂泵密封水注入和排出除外)。

④ 压力边界泄漏(PRESSURE BOUNDARY LEAKAGE)

通过反应堆冷却剂系统的部件本体、管壁或容器壁的不可隔离的破损造成的泄漏(蒸汽发生器传热管泄漏除外)。

(3) 停堆深度(SHUTDOWN MARGIN)

假定最大价值的一束控制棒全部卡在堆外，而其他棒组(包括控制棒组和停堆棒组)全部插入堆内，由此，使反应堆处于次临界或从现时状态达到次临界，此时堆次临界的反应性总量称为停堆深度。

(4) 轴向通量偏差(AXIAL FLUX DIFFERENCE)

轴向通量偏差是指反应堆外中子探测器上半部与下半部归一化通量信号的差值。可以表示为 AFD，因为是电流信号的差值，所以也用 $\Delta I$ 来表示轴向通量偏差。

假设在某一功率水平下，$I_T$代表堆芯电离室上半部输出电流，$I_B$代表堆芯电离室下半部输出电流，则

$$\Delta I=(I_T-I_B)/(I_T+I_B)_{rate}$$

$(I_T+I_B)_{rate}$表示额定功率下电离室上半部和下半部输出电流之和。

(5) 象限功率倾斜比(QUADRANT POWER TILT RATIO)

象限功率倾斜比是指上半部堆外探测器标定输出值的最大值与平均值的比值，或者是下半部堆外探测器标定输出值的最大值与平均值的比值，两者之中取大者。在一个堆外探测器不可运行时，应用其余三个探测器来计算平均值。象限功率倾斜比通常用 QPTR 表示。

(6) 运行模式(OPERATIONAL MODE)—模式(MODE)

一种运行模式(即模式)应该满足表 2-2-1 中的堆芯反应性条件、功率水平和反应堆冷却剂平均温度等参数。运行限制条件中规定了每条规范的适用范围，适用范围可能是一种或几种运行模式，当不满足规范要求时，可以在要求的时间内采取措施，保证限制条件得到满足，也可以降低运行模式，以降低对限制条件的要求。

**表 2-2-1　运行模式**

| 序　号 | 模　式 | $k_{eff}$ | 额定热功率/% | 冷却剂平均温度/℃ |
| --- | --- | --- | --- | --- |
| 1 | 功率运行 | ≥0.99 | >5 | ≥176.6 |
| 2 | 启　动 | ≥0.99 | ≤5 | ≥176.6 |
| 3 | 热备用 | <0.99 | 0 | ≥176.6 |
| 4 | 热停堆 | <0.99 | 0 | $176.6>T_{avg}>93$ |
| 5 | 冷停堆 | <0.99 | 0 | ≤93 |
| 6 | 换　料 | ≤0.95 | 0 | ≤60 |

还有很多定义，如通道标定、通道检查、安全壳完整性、可运行的—可运行性、物理试验等，这里就不一一列举了。但应该说明定义的多少取决于特定的核电厂，是因核电厂的不同而有所差异的。

## 2.3　安全限值

安全限值是指工艺参数变化的限值范围，顾名思义，即在限值之内，核电厂的运行是安全的。确定安全限值的目的是不允许出现不可接受的、高出设计和标准文件规定的核电厂放射性物质释放。

针对核电厂的三道安全屏障，即燃料包壳、一次冷却剂压力边界、安全壳，分别设置了各自的安全限值。为保证燃料芯块不熔化和燃料包壳的完整性，对燃料芯块最高温度和 DNBR 进行了限制，如燃料芯块温度≤(2 840－3.2$B$)℃($B$，燃料燃耗，MW·d/kgU)，DNBR≥1.23 等。为保证一次冷却剂压力边界的完整性，$p_{绝对}\leqslant17.2$ MPa，$T_{avg}\leqslant343$ ℃等。为保证安全壳的完整性，在设计基准事故情况下，压力应小于设计压力 0.450 MPa (绝对)，安全壳内最高温度小于设计温度 136 ℃，在设计压力和温度条件下，安全壳设计泄漏率 24 h 内为 0.3%安全壳内总气体质量。

有些安全限值并不能够直接测量得到，如燃料芯块的温度、DNBR 等，需要通过对一些相关的可测量参数的限制，来满足安全限值的要求。对于燃料芯块温度，通常通过线功率密度加以限制，而线功率密度也是不可直接测量得到，实际运行中往往通过反应堆功率、轴向功率偏差、象限功率倾斜比加以限制，以保证燃料芯块温度不会超过安全限值。对于 DNBR，通常通过反应堆功率、一次冷却剂平均温度(或反应堆入口温度)、一次冷却剂压力等加以限制，以保证 DNBR 不会超过安全限值，图 2-3-1 表示了它们之间的这种关系。

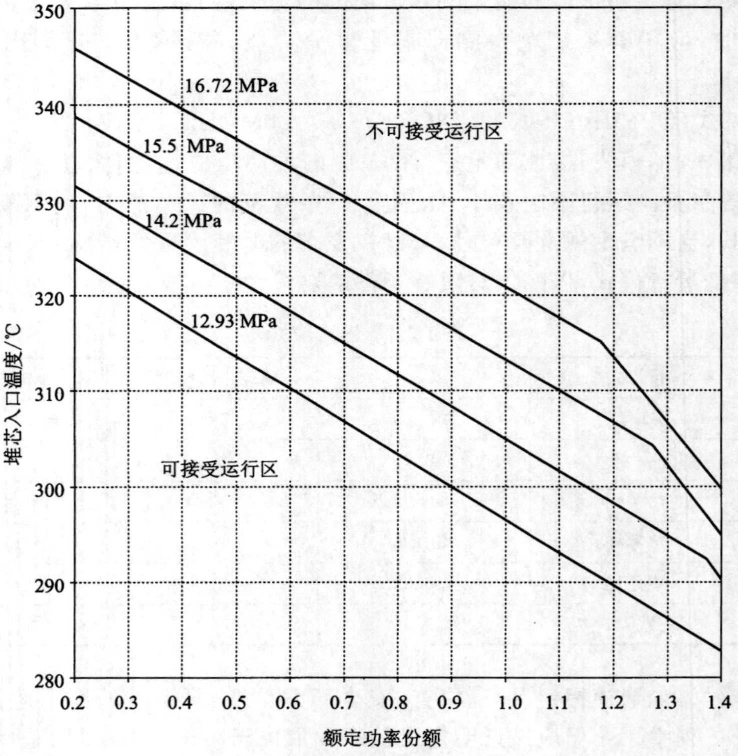


图 2-3-1 反应堆堆芯安全限值

(秦山二期 1 号机组)

## 2.4 安全系统整定值的设定

安全系统整定值是各种自动保护装置的触发点，它触发保护动作，以防止超过安全限值，并应付预计运行事件。其作用在于超过整定值时可以引起停堆以抑制瞬态，或者导致各种自动保护装置动作以防止超越安全限值，或者触发专设安全设施动作，以限制预计的瞬态过程。

下面就压水堆核电厂常见的引发紧急停堆的保护信号加以简要说明。

(1) $\Delta T$ 保护

$\Delta T$ 保护是采用限制反应堆进出口温差的方法来保证燃料包壳完整性的一种紧急停堆保护。燃料包壳损坏的原因有两个：一是燃料芯块局部功率过高而使其局部熔化，二是燃料包壳表面发生偏离泡核沸腾，传热恶化导致燃料包壳温度急剧上升而烧毁。因此 $\Delta T$ 保护分为超温 $\Delta T$ 保护和超功率 $\Delta T$ 保护两种。超温 $\Delta T$ 保护是为了防止在各种压力、功率、冷却剂温度和轴向功率偏差的组合情况下发生偏离泡核沸腾。超功率 $\Delta T$ 保护是确保在各种可能的超功率情况下，燃料芯块不发生熔化，确保燃料元件的完整性。

这里要注意的是，随着稳压器压力的增加，超温 $\Delta T$ 保护定值会增加（即不易发生偏离泡核沸腾），但超功率 $\Delta T$ 保护定值则与稳压器压力无关。冷却剂平均温度、冷却剂流量（一般用主泵转速来代替）、轴向功率偏差的变化都会引起超温 $\Delta T$ 保护定值和超功率 $\Delta T$ 保护定值的变化。

(2) 核仪表系统的保护

① 源量程紧急停堆

源量程核仪表提供的紧急停堆保护措施主要用以防止误稀释或误操作引起的后果。

② 中间量程紧急停堆

中间量程紧急停堆的作用与源量程相同，阈值为 $25\%P_n$。

③ 功率量程紧急停堆

功率量程紧急停堆（低阈）与中间量程一样，是一种冗余。功率量程紧急停堆（高阈）是超功率保护的直接形式，不能闭锁。

(3) 环路流量的保护

反应堆冷却剂流量低会使反应堆冷却不足，进、出口温差增大，造成包壳烧毁，因此必须进行保护。流量低有两个先兆，一是水泵电源断路器断开，二是水泵转速下降。

(4) 稳压器和蒸汽发生器参数异常引发的保护

① 稳压器压力高保护

其保护目的是防止一回路超压，保护一回路压力边界。

② 稳压器水位高保护

稳压器水位偏高会降低稳压器控制压力的能力（蒸汽空间减少了），易导致稳压器超压。

③ 稳压器压力低保护

稳压器压力过低容易导致发生偏离泡核沸腾，损坏燃料包壳。

④ 蒸汽发生器水位低保护

蒸汽发生器水位低会导致二回路吸收一回路能量的降低，最终导致一回路温度和压力的上升。

⑤ 蒸汽发生器水位高高保护

蒸汽发生器水位过高会导致蒸汽品质恶化，另外蒸汽管道破裂或蒸汽流量突然增加，会引起假水位现象，可能出现蒸汽发生器水位高高信号，蒸汽管道破裂会导致安全壳瞬态超压和一回路过冷。

(5) 汽轮机脱扣引发的保护

汽轮机脱扣会使一、二回路功率失衡，使一回路温度和压力迅速上升。这种现象在高功率运行时更为严重，如果此时冷凝器或蒸汽旁排系统不可用，则必须紧急停堆，以保护燃料包壳和一回路压力边界。

(6) 其他保护

引发安全注入信号的同时也引发紧急停堆保护（实际上反应堆停堆在安注之前就已经

触发，这里只是确认，也就是说，安注必定停堆，但停堆不一定安注）。安全壳喷淋信号也引发紧急停堆保护。安全壳绝对压力高于系统整定值时也导致紧急停堆。

## 2.5 运行限制条件

运行限制条件是核电厂技术规格书中内容最多、所占篇幅最大的一部分。

每条运行限制条件分为三个部分：运行限制条件、适用范围、动作（也称为纠正措施）。

### 2.5.1 适用范围

（1）当在各种运行模式或所指定的其他工况下，对技术规格书中运行限制条件的规定都要求遵从，如果不能满足其中的规定，则必须满足其相应的动作的要求。

（2）当运行限制条件的要求和其相应的动作要求在指定的时间间隔内都没有满足时，必定不遵从技术规范。如果在指定的时间间隔内，运行限制条件就恢复了，则就不需要完成动作的要求，除非在动作叙述中另有注释。

举例说明：关于最低临界温度的运行限制条件

限制条件：反应堆冷却剂系统最低运行环路平均温度必须要大于或等于 280 ℃（秦山一期）。

如果不满足上述运行限制条件要求，则应满足动作要求：即要求在 15 min 内，将平均温度恢复到其限值之内，否则，在下个 15 min 内，核电厂应处在热备用运行模式。

但如果在 15 min 内，就能将平均温度恢复到 280 ℃之上，则核电厂就不必处于热备用运行模式了。

（3）① 当运行限制条件不满足时（提供相应的动作要求除外），必须要求在 1 h 内，采取动作使核电厂处于一个较低水平的运行模式。可以采取的动作有：

a. 至少在下个 6 h 内，使核电厂运行在热备用模式；

b. 至少在随后 6 h 内，使核电厂运行在热停堆模式；

c. 至少再在后续 24 h 之内，使核电厂运行在冷停堆模式。

说明：上述是说允许核电厂停留在热备用模式运行 6 h。如果此 6 h 内还不能满足要求，则核电厂需要降至热停堆模式运行，允许时间也是 6 h。如果在这之内仍不能满足要求，则电厂需要继续降级运行在冷停堆模式，允许时间为 24 h。

② 如果改正措施完成了，并允许在动作要求的情况下运行，则可以遵照给定的时间限制采取动作，但时间应从未能满足运行限制条件的时刻算起。

（4）除非在不依靠包括在动作要求里的规定而满足运行限制条件，否则不能进入一个运行模式或者其他指定的工况。这种规定必须不妨碍经过或到达遵从动作中所要求的运行模式。在个别规范条文中所述要求除外。

这条规定提供了进入一个运行模式或其他指定的适用工况必须做到以下两点：

① 整套所要求的系统、设备或部件都是可运行的；

② 不考虑包含在动作叙述中的可允许偏离和离役规定，所有运行限制条件中所指定的其他参数都要满足。

这条规定的意图是确保在所要求的设备或系统不可运行或其他指定限值超过的情况下

装置不投入运行。

总之，上述的核心思想阐述了技术规范是在保证核电厂安全运行的前提下，提供一定的维修时间，争取尽快能恢复正常运行的要求，尽可能地避免停堆或减少停堆的时间。像运行限制条件中具体的允许时间 6 h，12 h，…，72 h 等都体现了这种精神。

### 2.5.2　反应性控制系统

这部分含硼化控制，硼化系统及可移动控制组件等都与反应性控制有关的一些规范。下面举几条实际技术规范予以说明。

(1) 关于停堆深度的运行限制条件

运行限制条件：停堆深度必须大于或等于 1 770 pcm(Shearon Harris Unit 1)。

适用范围模式：模式 1、2、3、4。

动作：当停堆深度小于 1 770 pcm 时，立即用大于或等于 7 000 ppm 的硼酸溶液以大于或等于 11.2 t/h 的流量硼化，直至恢复到所要求的停堆深度为止。

本规范之所以要求有足够的停堆深度，因为具有足够的停堆深度能保证：

① 反应堆可以在各种运行模式下达到次临界；

② 与假想事故工况有关的反应性瞬变可控制在允许的限制范围内；

③ 防止在各种停堆模式下意外的超临界。

(2) 关于慢化剂温度系数的运行限制条件

运行限制条件：慢化剂温度系数必须：

① 当所有控制棒提出堆外，在燃料循环寿期初，热态零功率下不得为正；

② 当所有控制棒提出堆外，在燃料循环寿期末，额定热功率下不得比−57 pcm/℃更小。

对慢化剂温度系数的限制是因为：

① 寿期初出于安全考虑，保证反应堆慢化剂温度系数为负值；

② 寿期末慢化剂温度系数有限值，主要考虑到此时硼稀释的实际困难，同时反应堆慢化剂降温时可能引入过大的反应性。

(3) 关于最低临界温度的运行限制条件

运行限制条件：反应堆冷却剂系统环路最低运行温度必须大于或等于 280 ℃(秦山一期)。

适用范围：运行模式 1、2。

动作：当反应堆冷却剂系统环路运行温度小于 280 ℃时，要求在 15 min 内恢复至其限值之上，否则在下个 15 min 内核电厂要处在热备用运行模式。

之所以要求反应堆达临界时 $T_{avg} \geqslant 280$ ℃，在于保证：

① 慢化剂温度系数为负值；

② 保护系统的仪表工作在正常范围；

③ 稳压器能在有汽腔情况下处于可运行状态；

④ 反应堆压力容器远离最小脆性转变温度。

(4) 关于控制棒插入限值的运行限制条件

运行限制条件：控制棒组必须限制在物理插入限值之上，见图 2-5-1。

适用范围：运行模式 1、2。

动作:监测试验除外,当控制棒组插入位置在规范限值之下时,则:

① 在 2 h 内恢复控制棒组位置在限值之上,或

② 在 2 h 内将热功率降至小于或等于图中棒位所允许的额定功率份额,否则

③ 至少在 6 h 内使核电厂处于热备用运行模式。

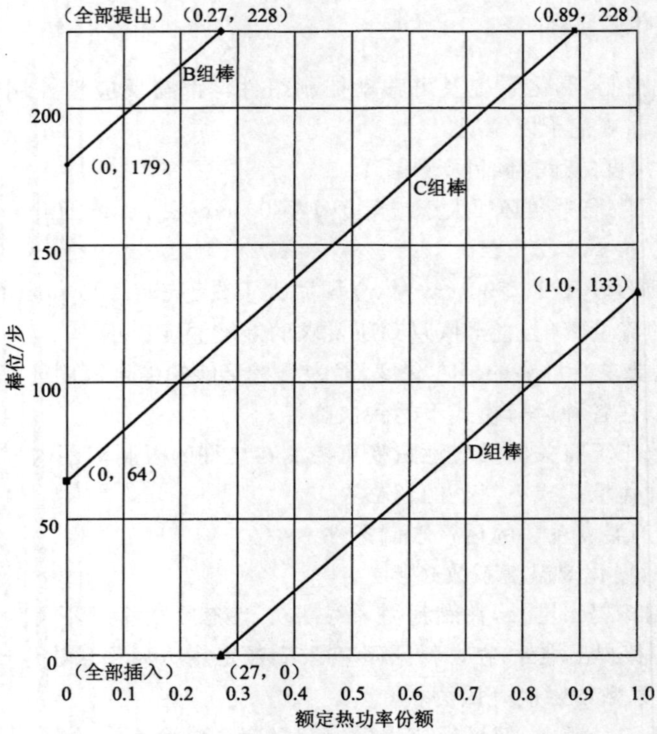


图 2-5-1 控制棒组插入限值与热功率的关系

## 2.5.3 功率分布限值

这部分含有轴向通量偏差,象限功率倾斜比,热流密度热管因子,核焓升及热管因子偏离泡核沸腾参数与功率分布有关的一些规范。

下面仅介绍两条重要的运行限制条件规范:轴向中子注量率偏差与象限功率倾斜比。

(1) 关于轴向中子注量率偏差的运行限制条件

规范所指示的轴向中子注量率偏差必须维持在靶值两侧的靶带内:

① 当堆芯平均累积燃耗小于或等于 6 000 MW·d/tU 时,靶带宽为±5%(见图 2-5-2);

② 当堆芯平均累积燃耗大于 6 000 MW·d/tU 时,靶带宽不对称,为+3%和-12%(见图 2-5-3)。

当运行功率在≥50%和<90%额定热功率之间,所指示的中子注量率偏差可以偏离出规定的靶带。但应满足所指示的 $\Delta I$ 是在允许运行范围内(见图 2-5-2、图 2-5-3),并在先前越带偏离累计时间不超过 1 h。又,当运行功率在>15%和<50%的额定热功率之间所指示的 $\Delta I$ 可以偏离出规定的靶带。但应满足在先前越带偏离累计时间不超过 2 h。

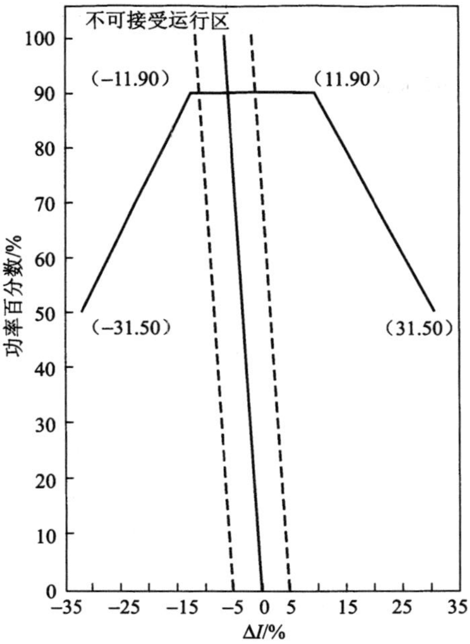


图 2-5-2　燃耗≤6 000 MW·d/tU 时功率与 ΔI 的关系

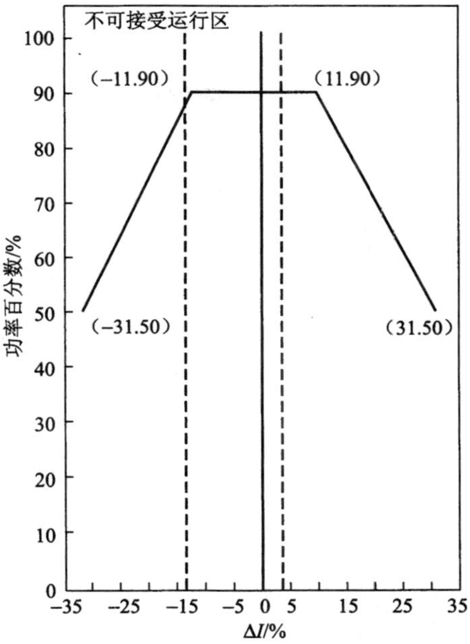


图 2-5-3　燃耗≥6 000 MW·d/tU 时功率与 ΔI 的关系

适用范围：运行模式 1，且在额定热功率 15％之上。

动作：

① 当热功率大于或等于 90％额定热功率，所指示的 ΔI 偏离出当时靶带外时，应该在 15 min 内采取如下动作：

a. 将所指示的 ΔI 值恢复到靶带限值之内，或

b. 将热功率降低到 90％额定功率之下。

随着核电厂自动化水平的提高，发生上述情况时，许多核电厂均可自动把功率降低到允许的功率范围之内，而不需运行人员的干预。

② 当运行功率在≥50％和＜90％额定热功率之间，所指示的 ΔI 偏离出靶带，但在先前的 24 h 内越带偏离，累计时间不超过 1 h，或所指示的 ΔI 值超出允许范围时，则应

a. 在 30 min 之内将热功率降至＜50％额定热功率；

b. 在此后 4 h 内，将功率量程中子注量率高停堆保护定值点降至≤55％额定热功率，见图 2-5-4。

③ 当运行功率小于 50％额定热功率，所指示的 ΔI 偏离出靶带，但在先前的内越带偏离累计时间超过 2 h 时，不能将热功率升至额定热功率。只有在所指示 ΔI 的处在规定靶带内或在先前 24 h 内越带偏离累计时间不超过 2 h 的情况下，才能将热功率升至 50％额定功率以上。

(2) 关于象限功率倾斜比的运行限制条件

规范：象限功率倾斜比，必须不超过 1.02。

适用范围：运行模式 1，且在 50％额定热功率之上。

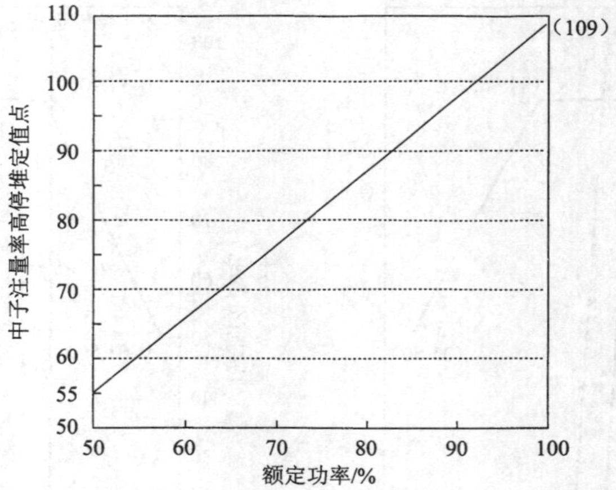


图 2-5-4　功率量程中子注量率高停堆定值点与功率水平关系

动作：

① 当象限功率倾斜比 QPTR 值超过 1.02，但小于 1.09 时：

a. 在达到以下两种情况任何之一时，对 QPTR 至少每小时计算一次：

(a) QPTR 降至≤1.02；

(b) 热功率降至小于 50％额定热功率。

b. 两小时之内，必须做到：

(a) 将 QPTR 降至≤1.02，或者

(b) 对于所指示的 QPTR，超过 1.0 的每 1％至少需要降 3％额定热功率（例如：100％额定热功率时，QPTR＝1.05，则热功率应该从原来 100％，至少降低 5×3％的额定功率，降到 85％额定功率以下）。

同时，同样地在此后 4 h 之内降低功率量程中子注量率高停堆保护定值点。

c. 验证象限功率倾斜比在超限后的 24 h 内是否能回到其限值内，否则，在此后 2 h 内需将热功率降至＜50％额定热功率，并在此后 4 h 内，将功率量程中子注量率高停堆保护定值点降至≤55％额定热功率时值。

d. 在提升功率之前，需查明超限原因并改正。假如 QPTR 经过 12 h 的至少每小时一次的验证是在其限值之内，则随后可以进行 50％额定热功率以上功率运行，否则，需直到验证了≥95％额定热功率下也可接受时，才能进行 50％额定功率以上的功率运行。

② 当由于控制棒失步使所确定的 QPTR 超过 1.09 时：

a. 在达到以下两种情况任何之一时，QPTR 至少每小时计算一次：

(a) QPTR≤1.02；

(b) 热功率降至小于 50％额定功率。

b. 在 30 min 内，对于所指示的 QPTR 值超过 1.0 的每 1％，至少需要降低 3％额定热功率。

c. 验证在 QPTR 超限后的 2 h 内，要能回到其限值内，否则，在此后的 2 h 内，需将热功率降至小于 50％额定热功率。并在此后的 4 h 内，将功率量程中子注量率高停堆保护定值点降至 55％额定热功率时值。

d. 在提升功率之前，需查明超限原因并改正。假如 QPTR 经过 12 h 的至少每小时一次的验证是在其限值之内，则随后可以进行 50%额定功率以上的功率运行。否则，需直到验证了≥95%额定功率下 QPTR 可接受时，才能进行 50%额定热功率以上的功率运行。

③ 当由于控制棒失步之外的原因使所确定的 QPTR 超过 1.09 时：

a. 在达到以下两种情况任何之一时，QPTR 至少每小时计算一次：

(a) QPTR≤1.02；

(b) 热功率降至小于 50%额定功率。

b. 在 2 h 之内，将热功率降至小于 50%额定热功率，并在此后 4 h 之内，将功率量程中子注量率高停堆保护定值点降至≤55%额定功率时值。

c. 在提升功率之前，需查明超限原因并改正。假如 QPTR 经过的至少每小时一次的验证是在其限值之内，则随后可以进行 50%额定热功率以上的功率运行，否则，需直到验证了≥95%额定热功率下也可接受时，才能进行 50%额定热功率以上的功率运行。

### 2.5.4　仪表

这部分含反应堆紧急停堆系统仪表，专设安全设施驱动系统仪表、监测仪表及汽轮机超速保护等运行限制条件规范。

本节的运行限制条件规范明确而清晰且多以列表形式给出，这里不予以讨论。

在运行限制条件中，还包括反应堆冷却剂系统、应急堆芯冷却系统(ECCS)、安全壳系统、电厂系统、电力系统、换料运行及特殊试验等诸多内容，由于篇幅限制，这里就不一一介绍了。

## 2.6　监测要求

监测要求在核电厂技术规格书中是保证核电厂安全运行，满足运行限制条件的重要措施。它是与运行限制条件伴生的，因此，监测要求部分与运行限制条件部分条数相同，即一条运行限制条件规范紧跟一条监测要求的形式。监测要求一般包括监测方法和监测频度两方面的内容，监测方法包括校核、试验、标定、检定等方法。下面举例予以说明。

**例 1**：关于控制棒插入限值的运行限制条件

规范：控制棒组必须限制在物理插入限值之上，见图 2-5-1。

现在在监测要求中相应的有：

规范：除了棒插入限值监视器处于不可运行情况下的一段时外，必须至少每 12 h 确定一次每个控制棒组要处在插入限值内，随后至少每 4 h 校验一次单束控制棒的棒位。

## 2.7　设计特点

这部分内容含本核电厂设计考虑的一些重要问题，如厂址、安全壳、反应堆堆芯燃料组件、控制棒组件等、反应堆冷却剂系统设计压力与温度、总容积等，气象塔位置、燃料贮存以及设备循环或瞬变的限值等。

## 2.8 行政管理

一般核电厂行政管理都包括职责、组织机构、核电厂人员资格、培训、审查和监查、运行事件、违反安全限值、规程和计划、报告要求、记录保存、辐射防护政策等内容。当然每个核电厂根据该厂的具体情况，均有所差别，不过大同小异。

从以上所述内容可见，核电厂技术规格书确实是核电厂运行中最重要的文件。它是制定核电厂运行规程的主要依据，也是操纵员和高级操纵员要保证核电厂安全运行必须深刻理解和认真执行的文件。每个操纵员都应该养成严格遵从并执行规范的良好运行习惯。在美国核电厂，如果操纵员在运行中几次违反了技术规范而被美国核管会驻厂监督员发现并报告上级时，就可能会吊销该操纵员的运行执照。

尽管各个核电厂的技术规格书都有所差异，但它的最终目的是相同的，即严格遵从技术规格书中的技术规范是确保核电厂安全运行的必要条件。

## 复习思考题

1. 技术规格书一般包括哪几大部分？
2. 定义：什么是动作(ACTION)？可控泄漏？停堆深度？
3. 美国西屋(Westinghouse)压水堆核电厂分哪几种运行模式？
4. 设置超温温差(OT$\Delta T$)与超功率温差(OP$\Delta T$)保护的目的是什么？
5. 为什么要保证有足够的停堆深度？
6. 为什么要设置最低临界平均温度($T_{avg}$)限值？
7. 为什么有控制棒插入极限要求？如果限值不满足时，应采取什么措施？

# 第三章 核电厂正常运行

## 3.1 总 述

本章将介绍核电厂正常运行的全过程，即从冷停堆模式开始，经加热升温，达到热停堆模式，启动反应堆趋近临界，汽轮机暖机升速并网带负荷，直至满功率稳定功率运行模式。然后再逆过程返回直至核电厂再处于冷停堆模式。本章内容的依据是核电厂正常运行总规程。还将介绍在反应堆启动前的临界条件估算，以及功率运行中两个重要的估算，即稀释率及热平衡计算。

在核电厂功率运行中，首先应了解有哪些主要运行参数。在正常运行中，了解负荷变化是非常重要的，因此讨论负荷变化过程电厂主要运行参数的瞬变是十分必要的。通过对瞬变的讨论，还可以加深对一些重要系统的进一步认识。

## 3.2 核电厂加热升温

### 3.2.1 初始条件

(1) 反应堆冷却剂系统

- 反应堆冷却剂系统(含稳压器)已完成充水排气，处于水实体状态
- 反应堆冷却剂内的硼浓度为冷停堆模式的硼浓度
- 反应堆冷却剂系统的温度维持在 60 ℃以下
- 反应堆冷却剂系统的压力维持在 0.345～0.689 MPa(表压)
- 反应堆冷却剂泵处于可运行状态

(2) 化学与容积控制系统

- 化容上充、下泄系统处于正常运行，以维持反应堆冷却剂系统压力和反应堆冷却剂泵轴封供水
- 化学系统内所有净化床处于硼饱和状态
- 容控箱内用氮气覆盖，压力维持在 0.10～0.16 MPa

(3) 余热排出系统

- 余热排出系统与反应堆冷却剂系统构成环路，余热排出泵在运行，反应堆的衰变热由余热排出系统排出，并维持反应堆冷却剂系统温度在 60 ℃以下

(4) 安注系统和喷淋系统

- 安注信号已闭锁
- 安注系统处于安注备用
- 安注箱出口隔离阀门已关闭
- 安全壳再循环地坑出口阀门已关闭

- 安全壳喷淋系统处于备用
- 换料水箱水位、硼浓度满足技术规范要求

(5) 反应堆补给水系统:反应堆补给水箱的水位,浓硼箱的水位、硼浓度均满足技术规范要求。

(6) 主蒸汽系统的主蒸汽隔离阀门及其旁通阀门关闭,蒸汽发生器的宽量程水位计指示正常。

(7) 蒸汽发生器可由辅助给水系统供水。

(8) 供电系统由两个以上独立外电源供电,厂用电正常,应急柴油发电机组处于备用状态。

(9) 设备冷却水和重要冷却水核岛冷冻水运行正常。

### 3.2.2 注意事项

(1) 必须至少有一台反应堆冷却剂泵或余热排出系统处于运行状态,才能开始稀释反应堆冷却剂的硼浓度。

(2) 反应堆冷却剂系统的升温速率一定不能超过技术规格书中规定的最大允许值(56 ℃/h)的二分之一。

(3) 稳压器的升温速率不应超过技术规格书中规定的限值(112 ℃/h)。

(4) 如果稳压器和喷淋液之间的温度差超过 160 ℃,则不允许使用喷淋。

(5) 在稳压器建立正常水位之前,反应堆应维持在次临界状态。

(6) 反应堆冷却剂平均温度大于 260 ℃时,其总的比反应性不应超过技术规格书中的限值。

(7) 除非反应堆处于冷停堆模式,否则,安全壳的完整性绝不允许破坏。

(8) 安全壳的完整性有缺陷时,除非停堆深度保持在 $4\%\Delta k/k$ 以上,否则,不允许用稀释硼的方法向反应堆内引入正的反应性。

(9) 任何时候(包括反应堆停闭或控制棒插入堆芯),进行稀释硼操作时临界度必须是可预计的。

(10) 在涉及硼浓度变化的任一步骤时,如果任一个源量程通道的中子计数率增长一倍或更多时,必须立即停止操作,直至对该情况作出满意的评估为止。

(11) 停堆棒组在反应堆停闭后必须全部提出堆外,以克服无论是由于硼或氙的变化,还是由于反应堆冷却剂温度变化所引入的反应性变化,但这一原则对下面情况可以例外:

① 反应堆冷却剂系统至少已经硼化到无氙的任意硼浓度,并且维持在热停堆模式。核电厂厂长或他指定的人批准可以插入停堆棒组。

② 反应堆冷却剂系统已经硼化到冷停堆模式的硼浓度,且正在进行加热。核电厂厂长或他指定的人批准可以插入停堆棒组。

注意:在反应堆冷却剂系统加热和冷却之前,为了提供及时的停堆手段,停堆棒必须提出反应堆之外。

(12) 若停堆棒组不能提出反应堆时,反应堆冷却剂系统则必须按照所需要的条件进行硼化,且硼浓度必须用取样的方法加以确认。在加热升温之前,停堆棒组必须全部提出反应堆之外,控制棒组 A、B、C 和 D 四组则应提离底部 5 步且棒位满足技术规格书的要求。

（13）反应堆冷却剂的硼浓度在明显变化之前，需启动稳压器电加热器，允许稳压器喷淋阀调节稳压器至反应堆冷却系统之间的硼浓度。

注意：上述适用于稳压器汽腔已经建立之后的情况。

（14）用于控制平均温度 $T_{avg}$ 或温差 $\Delta T$ 的通道在退出工作之前，通过操作适当的开关或按钮，将该通道退出反应堆控制系统。稳压器水位、给水流量或蒸汽流量在退出工作之前，在类似的控制台、盘上应选择替代的通道来控制动作。核电厂二次侧暖管、缓慢的蒸汽排放和调节给水过程中，必须小心谨慎，防止反应堆冷却剂系统突然冷却。

注意：反应堆接近临界或低功率时，这一要求特别重要。

（15）余热排出系统运行时，反应堆冷却剂系统的压力不允许超过 3.16 MPa，见图 3-2-1。

（16）反应堆冷却剂系统的压力必须维持在与反应堆压力容器加热、冷却限制曲线和压力—温度曲线相一致（见图 3-2-1 和图 3-2-2）。随着加热升温的进展，绝不允许系统的压力在曲线之外。

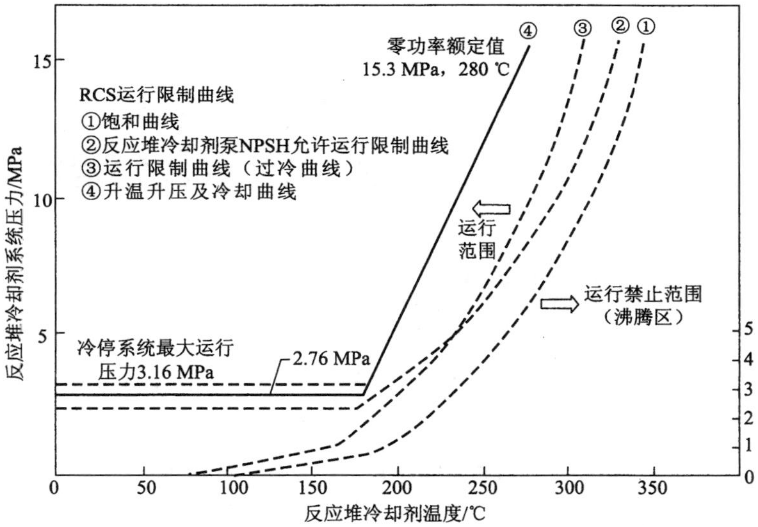


图 3-2-1　反应堆冷却剂系统加热、冷却限制曲线

（17）如果为了维修停闭核电厂，且其间反应堆冷却剂系统又曾经被打开过，为了保证系统严密所作的不少于 16.1 MPa 泄漏试验，对温度的要求应满足脆性转变温度（NDT）的要求（见图 3-2-2）。

（18）反应堆冷却剂系统温度低于 176 ℃，且无向安全壳内泄漏时，两只卸压阀都应该是可运行的。

（19）主蒸汽隔离阀处于关闭时，应开启主蒸汽隔离阀的前连续疏水阀门，以防止因通过安全阀或大气释放阀的开启引起水的冲击。由增加排放管线的蒸汽排放量或增加排放管线上的温度进行核实。

## 3.2.3　运行操作

压水堆由于慢化剂中有可溶性中子吸收剂硼，慢化剂在低温时可能出现正慢化剂温度

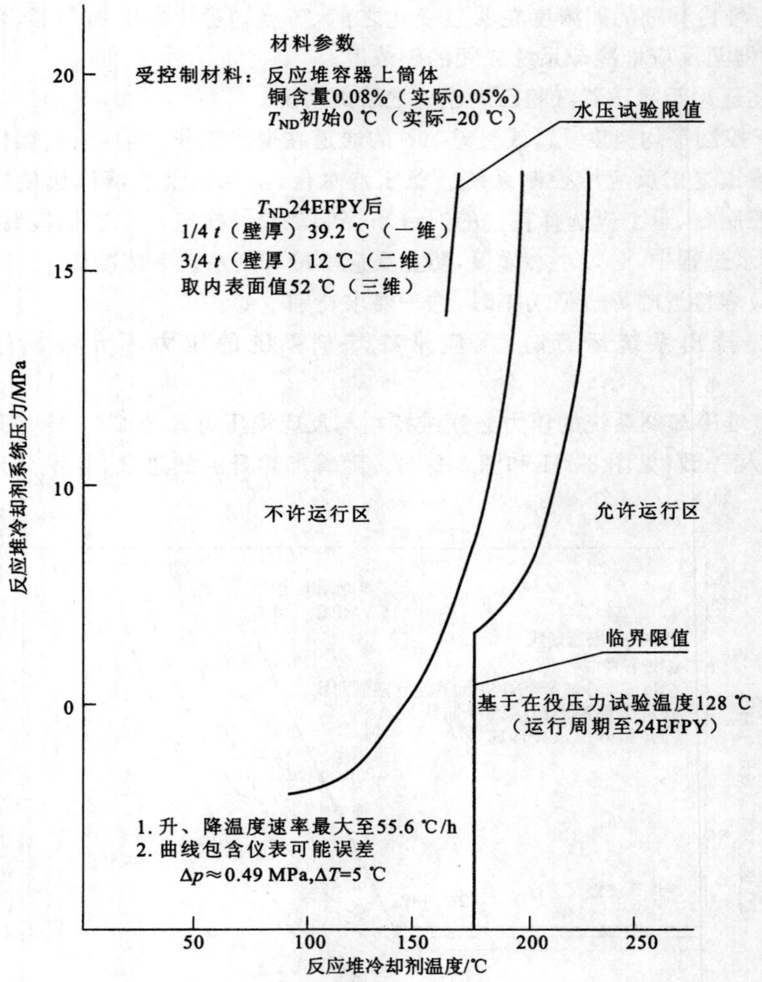


图 3-2-2　反应堆冷却剂系统升、降温限制曲线

系数。所以，在启动反应堆达临界之前，核电厂必须用反应堆冷却剂泵和稳压器电加热器将反应堆冷却剂系统加热升温到接近正常运行温度，以消除慢化剂正温度系数对核电厂安全运行的不利影响。核电厂反应堆冷却剂系统加热升温的主要操作步骤如下：

(1) 确认辅助给水、主蒸汽、凝水和给水、汽轮机及其附属、蒸汽发生器排污等系统的可运行性

(2) 汽轮机转子盘车

应按盘车要求启动相应的辅助系统及设备，如润滑油泵、顶轴油泵等。

(3) 凝水系统清洗

如启动凝水泵循环，分析水质合格后，停止排水，投入除盐装置等。

(4) 确认核测仪表的可运行性

如源量程、中间量程、功率量程的可运行性。

(5) 启动一台循环水泵

按启动循环水泵的要求启动相应的辅助系统。投入汽轮机厂房的工业水系统等。

(6) 低压给水系统清洗

启动除氧循环泵，将合格之水充入除氧器，反复清洗直至除氧器水质合格。

(7) 高压给水系统清洗

利用除氧循环泵对高压给水管清洗直至水质合格。

(8) 启动除氧器

由辅助锅炉向除氧器供汽，使其压力维持在 0.49 MPa，温度逐渐升至 110 ℃。

(9) 确认低压下泄系统处于正常运行状态

下泄热交换器、下泄管线背压阀、余热排出系统低压下泄截止阀、正常下泄隔离阀等运行正常。

(10) 确认上充、反应堆冷却剂泵轴封注入水运行正常

离心上充泵、上充流及轴封注入水、容控箱水位等设备和参数正常。

(11) 将反应堆冷却剂系统升压至 2.96 MPa

调节下泄背压阀设定值，使系统压力缓慢升至 2.96 MPa。并确认下泄背压阀自动工作。

注意：反应堆冷却剂系统的升压速度不应超过 0.098 7 MPa/min。

(12) 反应堆冷却剂系统升温准备

辅助给水泵随时可向蒸汽发生器供水，主蒸汽管道疏水阀开启。相关设备如堆腔、控制棒驱动机构等的冷却风机运行正常。

(13) 启动反应堆冷却剂泵

按反应堆冷却剂泵的技术规范操作。

注意：密切观察反应堆冷却剂系统的压力变化。

(14) 反应堆冷却剂系统取样分析

对反应堆冷却剂系统和稳压器分别分析硼浓度和水质。

(15) 提起停堆棒组

只有在确认所有核测仪表运行正常，源量程大于 0.5 计数/s、音响计数率装置、无任何停堆报警信号后才能提起停堆棒组。

(16) 调整硼浓度

当核电厂由换料模式开始，则可先将反应堆冷却剂的硼浓度稀释到冷停堆无氙的硼浓度。

(17) 加联氨除去反应堆冷却剂中的氧

反应堆冷却剂温度在 50～60 ℃。向系统加入联氨，并维持在 82 ℃附近。在水质合格前，系统温度绝不允许超过 121 ℃。

注意：加入联氨的量由水质分析确定。对与反应堆冷却剂系统相连的不流动管道系统的积水要用合格水置换，并注意反应堆冷却剂系统压力变化。水质合格后，将净化床投入运行。

(18) 停止余热排出系统对反应堆冷却剂系统的冷却

(19) 反应堆冷却剂系统开始升温

投入稳压器电加热器，使反应堆冷却剂系统升温。二回路必须确认凝水、给水水质；热

阱水位、除氧器水位投入自动;蒸汽发生器水质合格等。

注意:稳压器升温速率、反应堆冷却剂系统升温速率应遵守技术规范。

(20) 建立稳压器汽腔

当稳压器温度达230～235 ℃,反应堆冷却剂系统温度为180 ℃时,减小上充流并增大下泄流量,稳压器汽腔逐步建立。当稳压器水位接近零功率水位时,调整上充、下泄流量,并将水位投入自动。

注意:用余热排出系统维持反应堆冷却剂系统温度不超过180 ℃。

(21) 停止余热排出系统,并与反应堆冷却剂系统隔离

停止余热排出系统泵。关闭余热排出系统泵入口阀门,开启相应阀门使余热排出系统卸压。

注意:余热排出系统隔离后,随着反应堆冷却剂系统压力升高,应观察反应堆冷却剂系统的压力变化。

(22) 将专设安全设施置于安注备用

(23) 反应堆冷却剂系统继续升温、升压

将稳压器低压保护放在“切除”位置。

注意:密切监视蒸汽发生器二次侧压力、温度。

(24) 蒸汽发生器开始排污(进行水质调整)

当蒸汽发生器二次侧压力达0.987 MPa时,根据化学分析,决定是否排污。

注意:排污会影响反应堆冷却剂系统的升温速率。

(25) 主蒸汽管道暖管

当蒸汽压力等于1.5 MPa时,对主蒸汽管道(开启主蒸汽隔离阀或其旁通阀门、汽轮机入口管道、湿度分离再热器管道、汽轮机旁排管道等)进行暖管。

注意:避免 $T_{avg}$ 发生大的下降防止产生水锤。

(26) 将安注箱置于安注备用

当反应堆冷却剂系统压力升到6.91 MPa时,将安注箱出口隔离阀门送上电源,并确认其自动开启。

注意:隔离阀开启后观察水位和压力。

(27) 切除上充孔板

当反应堆冷却剂系统压力升到9.87 MPa时,将上充孔板切除。

(28) 允许信号P-11自动复归稳压器压力低,$T_{avg}$ 低-低,蒸汽压力低保护闭锁

当稳压器压力升到13.2 MPa时,确认安注闭锁信号自动复归;“稳压器压力低安注闭锁”灯熄灭。“$T_{avg}$ 低-低,蒸汽压力低安注、隔离阀闭锁”灯灭。

(29) 稳压器压力控制投入自动

当稳压器压力升至15.2 MPa时,将稳压器备用加热器、比例加热器和喷淋阀门投入自动。

(30) 热停堆模式确认

- 反应堆冷却剂系统压力在15.2 MPa;
- 稳压器压力处于自动控制;
- 稳压器水位处于自动控制;

- 反应堆冷却剂系统的 $T_{avg}$ 由大气释放阀控制在 280 ℃；
- 蒸汽发生器水位由辅助给水泵维持在零功率水位。

(31) 安全壳完整性最后检查。

# 3.3 反应堆启动至最小功率

## 3.3.1 趋近临界过程的几个问题

(1) 趋近临界的基本原理

① 次临界公式

趋近临界的基本原理与其他研究反应堆相同，都是基于次临界公式。假设外中子源和中子注量率都是均匀分布的，$S_0$是每代从中子源放出的中子数，有效增殖因子为 $k_{eff}$。

第一代末堆内中子数为 $N_1$，则

$$N_1 = S_0 + S_0 k_{eff} = S_0(1 + k_{eff})$$

第二代末堆内中子数为 $N_2$，则

$$\begin{aligned} N_2 &= S_0 + N_1 k_{eff} \\ &= S_0 + [S_0(1 + k_{eff})]k_{eff} \\ &= S_0(1 + k_{eff} + k_{eff}^2) \end{aligned}$$

以此类推，第 $m$ 代末堆内中子数为 $N_m$，则

$$N_m = S_0(1 + k_{eff} + k_{eff}^2 + \cdots + k_{eff}^m) \tag{3-3-1}$$

因为反应堆处在次临界状态，$k_{eff}<1$，每个中子代时间为 $10^{-4}$ s 左右，这意味着每秒钟内中子循环成千上万次，所以 $m$ 值相当大($m\to\infty$)，因此(3-3-1)式可以近似表示为一个无限等比级数。

$$N = S_0/(1 - k_{eff}) \tag{3-3-2}$$

式(3-3-2)就是次临界公式，它表明在一个次临界反应堆里，在有外中子源存在的条件下，堆内中子数可趋于一个稳定值。实际上，反应堆起着放大外中子源的作用。外中子源越强，堆内的中子数就越大，所测到的中子注量率越高；反之亦然。堆内中子数目与 $k_{eff}$的关系如图 3-3-1 所示。

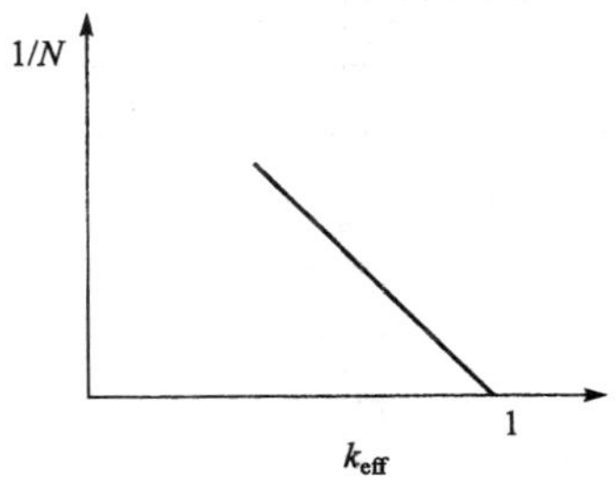


图 3-3-1　1/$N$ 与 $k_{eff}$的关系

② 1/$M$ 外推法

根据式(3-3-2)，设堆内初始中子数为 $N_0$，初始有效增殖因子为 $k_{eff0}$，则

$$N_0 = S_0/(1 - k_{eff0}) \tag{3-3-3}$$

任何时刻的中子数为 $N$，则

$$N = S_0/(1 - k_{eff}) \tag{3-3-4}$$

如果归一，则有

$$M = N/N_0 \tag{3-3-5}$$

在压水堆核电厂，$k_{eff}$的增大可以由提出控制棒或稀释冷却剂硼浓度来实现。在核电厂里现在应用 1/$M$ 外推曲线来趋近临界。图 3-3-2 中的交点 $h_c$就是外推临界棒位。

当然，理想的 $1/M$ 外推曲线是直线，但实际上 $1/M$ 曲线可能是凹形，也可能是凸形，见图 3-3-3。虽然，两种情况的最终外推结果是相同的，均为 $h_c$。但凹形曲线比凸形曲线要安全。影响 $1/M$ 曲线形状的因素很多，诸如中子源在堆芯的位置与中子探测器的布置等。为了安全起见，启动过程中，至少要有两套完全独立的源量程核仪表系统工作正常，否则，反应堆不能启动。

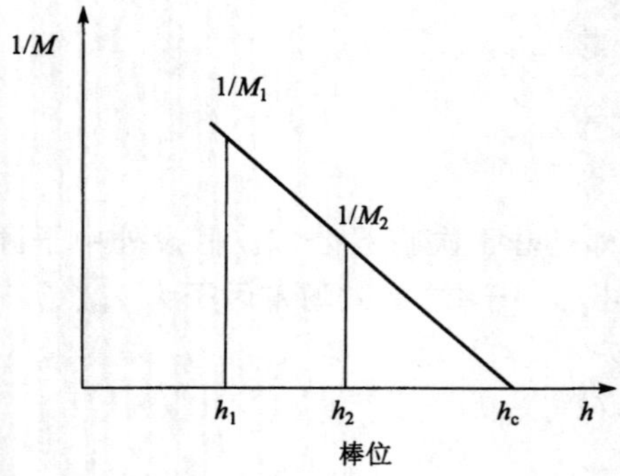


图 3-3-2 $1/M$ 与控制棒位

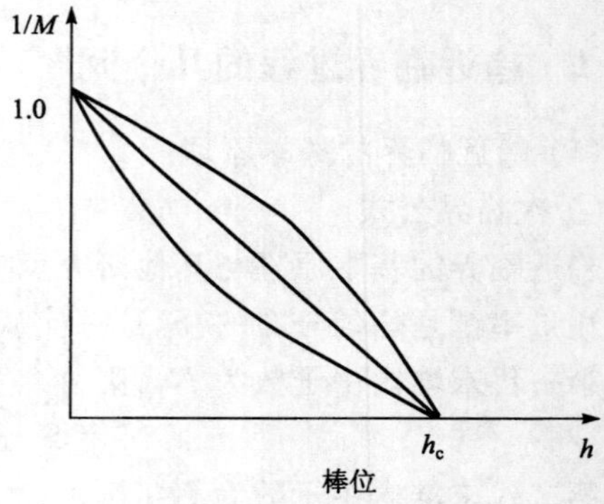


图 3-3-3 $1/M$ 外推曲线

根据式(3-3-3)、式(3-3-4)和式(3-3-5)，可以得到

$$M=(1-k_{\text{eff0}})/(1-k_{\text{eff}}) \tag{3-3-6}$$

所以

$$\begin{aligned} k_{\text{eff}} &= 1-(1-k_{\text{eff0}})/M \\ &= 1-\Delta k_{\text{eff0}}/M \end{aligned} \tag{3-3-7}$$

对于初始 $k_{\text{eff}}$ 已知的条件下，不同中子注量率翻番情况下的 $k_{\text{eff}}$ 值见表 3-3-1。

**表 3-3-1 $k_{\text{eff}}$ 值与 $M$ 之间的关系**

| 中子计数/番 | $M$ | $k_{\text{eff}}$ |
|---|---|---|
| 0 | 1 | 0.948 1 |
| 1 | 2 | 0.974 1 |
| 2 | 4 | 0.987 0 |
| 3 | 8 | 0.993 5 |
| 4 | 16 | 0.996 7 |
| 5 | 32 | 0.998 4 |
| 6 | 64 | 0.999 2 |

很明显，如果中子计数能翻 6 番，即 $M=64$，$k_{\text{eff}}$ 就能达到 0.999 2，这样的反应堆就会达到临界的。压水堆核电厂运行的一条经验——如果源量程中子计数率在达到临界前能翻上 5～7 番，此次反应堆肯定会临界的。

(2) 估算临界条件

反应堆启动前，按运行规程要求，首先得进行临界条件估算（Estimated Critical Condition，ECC），以便在启动前，对临界硼浓度和临界棒位做到心中有数，其结果作为启动趋近临界的依据。所考虑的因素有控制棒位、功率亏损、毒性及硼浓度变化等，忽略了温度微小变化对反应性的影响。

通常有两种情况：

① 已知堆的临界硼浓度，需要确定临界棒位；

② 已知预期临界的棒位，确定临界硼浓度。

实际上，临界条件估算是进行反应性的平衡计算，是对停堆前的运行工况与现在要启动的工况的反应性进行比较。考虑的因素应包括控制棒位、功率亏损、毒性及硼浓度等。

为了更清楚地说明，现举例说明如下：

已知停堆前反应堆稳定功率运行在 76％功率水平(平衡氙毒)，临界控制棒位为 193 步(D 组)，硼浓度 $C_B$为 444 ppm(堆芯寿期：MOL)。现在，停堆后 1 h 启动，此时硼浓度 $C_B$为 425 ppm。试进行临界条件估算，确定临界棒位。

为了便于说明和理解，以列表的形式表达如下(见表 3-3-2)。

**表 3-3-2　估计临界条件(ECC)**

| 序号 | | 符号 | | 反应性/pcm |
|---|---|---|---|---|
| A | 预期启动到临界控制棒的价值，D 组____步 | (—) | | $\rho_x$ |
| B | 由图 3-3-4 查得反应堆停闭前控制棒的价值，D 组 193 步 | (—) | | 190 |
| C | A、B 两项之代数差值(A—B) | | | $-\rho_x+190$ |
| D | 启动时反应堆功率亏损为零 | | | 0 |
| E | 由图 3-3-5 查得反应堆功率为 76％满功率时的功率亏损值 | (—) | | 1 220 |
| F | D、E 两项之代数差值(D—E) | | | 1 220 |
| G | 启动时的硼浓度 | | 425 ppm | |
| H | 反应堆停堆前的硼浓度 | | 444 ppm | |
| I | 由图 3-3-6 查得硼的微分价值 | (—) | 11 pcm/ppm | |
| J | 由于硼浓度变化引起的反应性变化：(G—H)×I | (+) | | 209 |
| K | 由图 3-3-7 查得截止反应堆启动时氙($^{135}$Xe)毒性 | (—) | | 3 200 |
| L | 由图 3-3-7 查得停堆前平衡氙($^{135}$Xe)毒性 | (—) | | 2 600 |
| M | 从停堆至启动反应堆时氙($^{135}$Xe)毒的变化：K—L | (—) | | 600 |
| N | 由图 3-3-8 查得至反应堆启动时钐($^{149}$Sm)毒性 | (—) | | 690 |
| P | 由图 3-3-8 查得反应堆停闭前钐($^{149}$Sm)毒性 | (—) | | 685 |
| Q | 从停堆至反应堆启动时钐($^{149}$Sm)毒的变化：N—P | (—) | | 5 |
| R | 总反应性变化量：C+F+J+M+Q | | | $-\rho_x+190+1\ 220+209-600-5$ |

由于反应堆停闭前处于临界状态，启动时反应堆也处于临界状态，因此两种状态下的反应性变化量的代数和应当为零，即 $R=0$，由此可以得到

$$-\rho_x + 1\ 014 = 0$$

$$\rho_x = 1\ 014\ \text{pcm}$$

由图 3-3-4 查得 1 014 pcm 反应性所对应的棒位为 D 组 90 步，这就是要估计的临界棒位。

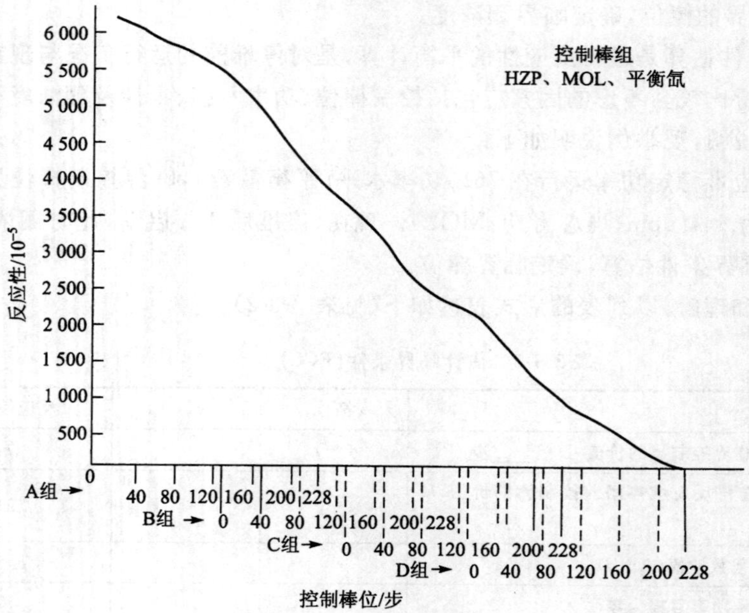


图 3-3-4 控制棒反应性当量

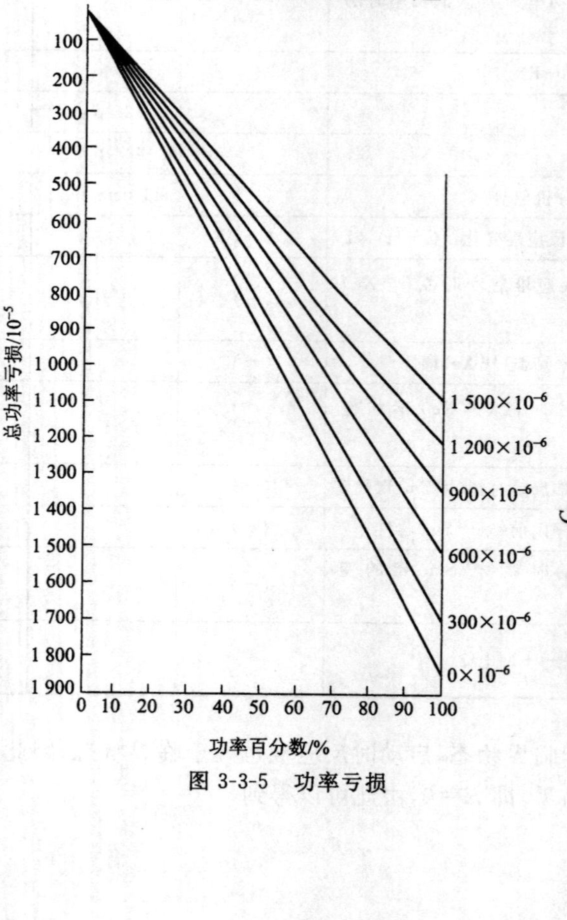


图 3-3-5 功率亏损

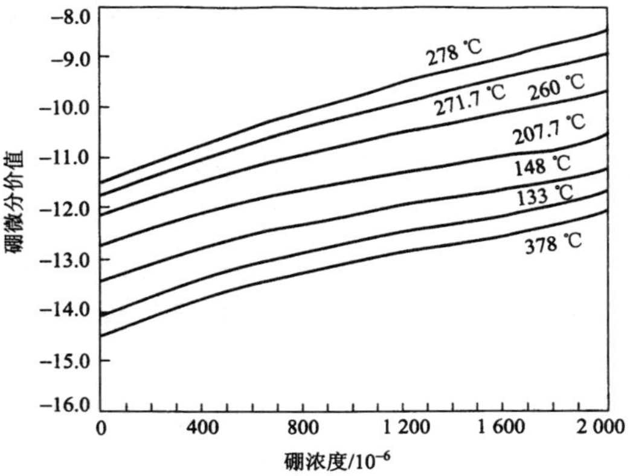


图 3-3-6　硼的微分价值

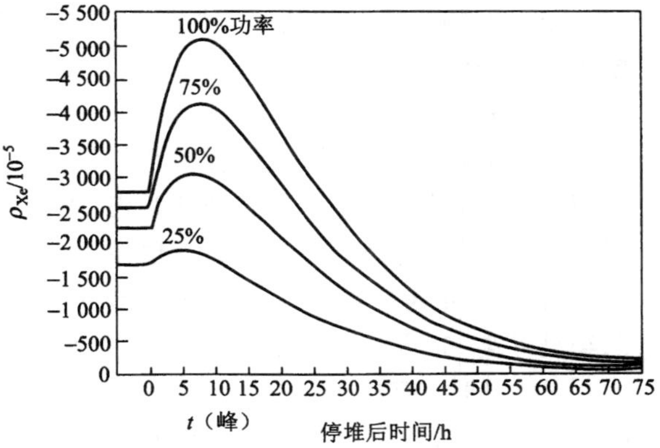


图 3-3-7　停堆后$^{135}$Xe 毒的变化

为了保证控制棒在反应堆启动后能处于运行带内，根据技术规范的要求，还必须对最高棒位和最低棒位进行验证。

＊最高临界棒位

根据技术规范要求，在估计临界棒位的反应性当量值上再加 500 pcm 的反应性值作为最高临界棒位，即

$$EC_p + 500\ \text{pcm} = -1\,014\ \text{pcm} + 500\ \text{pcm}$$
$$= -514\ \text{pcm}$$

由图 3-3-4 查得，最高棒位为 D 组棒 152 步。

＊最低临界棒位

同样根据技术规范要求，在估计临界棒位的反应性当量值上再减 500 pcm 的反应性价值作为最低临界棒位，即

$$EC_p - 500\ \text{pcm} = -1\,014\ \text{pcm} - 500\ \text{pcm}$$
$$= -1\,514\ \text{pcm}$$

同样由图 3-3-4 查得，最低棒位为 D 组棒 52 步。

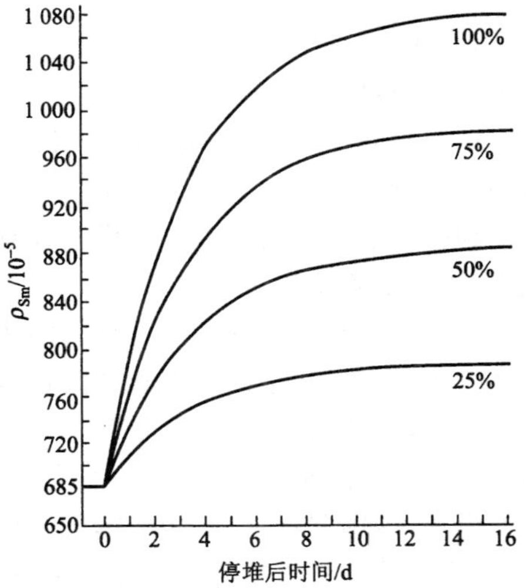


图 3-3-8　停堆后$^{149}$Sm 毒的变化

技术规范中规定，反应堆达到临界时控制棒最低插入极限值为 C 组棒 64 步，显然上述最低棒位是满足插入极限要求的，如果不满足，则应调整硼浓度，以满足插入极限的要求。

注意：

由于反应堆内毒性在随反应堆启动的时间延长或缩短明显不同，因此，不能把估计临界条件作为固定不变的因素认定，而必须根据实际情况加以修正；

在操作过程中，若外推 D 组棒全提出反应堆外时，反应堆仍不能临界，则必须立即插入所有控制棒(不包括停堆棒)，重新估计临界硼浓度；

同样，若临界棒位低于插入极限，应立即加硼，并同时将所有控制棒组插入反应堆内，重新估计临界硼浓度；

若实际临界棒位与预计的临界棒位相差的反应性当量值达 500 pcm 以上时，必须查明原因，否则不允许提升功率。

(3) 临界点的选取

在反应堆达到临界之后，需要继续提升功率，当中间量程电离室电流读数为 $1\times10^{-8}$ A 时，利用控制棒使反应堆处于稳定状态，然后记录下列参数：控制棒位、硼浓度、RCS 平均温度、到达临界的时间等。为什么选取中间量程 $1\times10^{-8}$ A 作为临界点呢？主要理由有两点：

① 可以不考虑源中子的影响。当中间量程达到 $1\times10^{-8}$ A 时，堆内的中子注量率水平已经足够高，完全可以覆盖源中子的影响。

② 中间量程达到 $1\times10^{-8}$ A 时，反应堆的发热量足够小，仍然在加热点（POAH）（$10^{-5}$ A）之下，慢化剂的平均温度不会发生变化，可以不考虑温度系数的影响。

因此，现在国际上 PWR 核电厂都选取 $1\times10^{-8}$ A(I. R.)作为标准临界点。

### 3.3.2 初始条件

(1) 核电厂反应堆启动通常都是在无负荷平均温度，并且在慢化剂温度系数为负值的温度下进行(技术规范一般规定在 280 ℃以上)。

(2) 如果必要，在启动前可将反应堆冷却剂中的硼浓度调至所需值。硼浓度可根据反应性平衡计算得到。对核电厂反应堆启动来说，应先选择一个临界棒位，然后将硼浓度调节到该棒位下达临界的浓度。临界前控制棒必须提到其“插入极限”之上，确保有足够的负反应性，以满足停堆深度的要求。

(3) 反应堆启动前，要进行控制保护系统的功能检查，确保源量程和中间量程核仪表通道运行正常。应记录源量程和中间量程通道的指示，闭锁停堆源量程高通量报警信号。

(4) 如果停堆棒组尚未提起(一般核电厂总是希望或要求在核反应堆停堆后，将停堆棒组提出堆外)，先提起停堆棒组，然后提升控制棒组使反应堆达临界。反应堆临界后有一个正的启动率，因此，反应堆功率水平仍在增长。当功率超过“源量程允许”值时，应手动闭锁“源量程紧急停堆”，同时切除源量程高压电源。

(5) 当反应堆功率升到中间量程 $1\times10^{-8}$ A 时，维持中子注量率稳定，记录临界数据(棒位、平均温度及硼浓度)。

(6) 反应堆功率升至功率量程有指示或中间量程 $5\times10^{-6}$ A 左右时，反应堆产生显热。维持其功率水平，以便给汽动主给水泵暖管并将其投入运行。蒸汽发生器的给水由辅助给水系统切换到主给水泵。

(7) 将反应堆功率提升到 2%～5%额定功率，准备汽轮机冲转。提升功率会引起主蒸汽管道上的大气释放阀或汽轮机旁排阀开启，并由其耗散热量，以维持反应堆冷却剂系统平均温度和蒸汽发生器水位。

### 3.3.3 注意事项

(1) 至少应有一台反应堆冷却剂泵在运行，反应堆才能进行趋近临界操作。

(2) 慢化剂温度系数大于技术规格书允许值时(即在最低临界温度以下)，不允许使反应堆达临界(除低功率物理试验期间外)。

(3) 除反应堆处于冷停堆模式外，安全壳的完整性不应被破坏。

(4) 在进行控制棒提升或硼稀释操作时,临界点必须是可预计的。

(5) 反应堆启动率不允许每分钟超过 1 个量级。

(6) 若是为培训或没有把握确定氙毒时,必须采用计数率倒数曲线图的方法即外推法来指导反应堆趋近临界。

(7) 反应堆在次临界时,不允许同时用两种不同的方式向反应堆内添加正反应性(除在氙毒衰变期间,由于氙衰变引入低的控制棒插入速率,此时可由操纵员进行正的反应性添加外)。

(8) 反应堆冷却剂中的氢浓度在达到限值之前(15 ml/kg,标准温度、压力下),不允许提升反应堆功率。

(9) 反应堆临界后,控制棒组必须维持在其规定的“插入极限”(低一低报警)之上(见图2-5-1),以保证在反应堆紧急停堆时,有足够的停堆深度,保证维持有最大的弹棒反应性限制,并保证有可接受的堆芯功率分布。在功率运行时,如果出现控制棒组“插入极限”(低一低报警)信号,则应根据异常应急加硼操作规程立即启动硼化。

(10) 临界棒位不应低于棒的“插入极限”,但也不应偏离计算值太多,以致超出比现行管理指令或命令规定更多的反应性。

(11) 任何时候,如果失去强迫循环,应参考“利用自然循环控制核电厂的温度和压力”规程。

### 3.3.4 运行操作

反应堆在启动达临界之前,安全壳内不允许有人。必须检查反应堆冷却剂系统运行正常,核测仪表运行正常,核蒸汽转换系统的凝水、除氧器、辅助给水等系统运行正常。完成估计临界棒位、临界硼浓度计算之后,在得到运行值长指令“趋近反应堆临界”许可之后,方可进行反应堆临界启动操作,核电厂反应堆启动达临界的主要操作步骤如下:

(1) 反应堆临界前的准备

① 确认反应堆冷却剂系统运行正常;

② 确认核测仪表工作正常;

③ 作出临界硼浓度估算;

④ 二回路的凝水系统、除氧器、辅助给水系统、蒸汽发生器、主给水系统、汽轮机盘车装置等处于运行或可运行状态。

(2) 调整硼浓度

① 投入稳压器备用电加热器,确认喷淋阀自动开启,用以均匀主回路与稳压器间的硼浓度及水质;

② 计算稀释水量和速率,将反应堆冷却剂系统之硼稀释至临界硼浓度。

注意:

稀释操作中严密监视源量程中子计数率;

反应堆冷却剂系统与稳压器之间的硼浓度差应小于 50 ppm;

稀释速率应遵守技术规范要求。

(3) 临界操作

① 确认慢化剂温度系数为负值;

② 确认停堆棒组已提到堆外，其他控制棒全部插入；

③ 准备工作完毕，值长向全厂广播“反应堆准备启动”；

④ 提升控制棒：

提棒过程中，各棒组的重叠度正确；

源量程计数率增加到原计数率 2 倍时，初步确定实际临界棒位，并与预计临界棒位相比较；

接近临界时，应放慢提棒速度；

当停止提升控制棒，而反应堆周期仍能稳定，且中子计数率稳定上升时，即认为反应堆已达临界；

当反应堆功率升至中间量程为 $1\times10^{-10}$ A 时，确认允许信号“P-6”灯亮，立即进行“源量程闭锁”操作，确认“源量程高压电源切除”并发出信号，且同时音响装置切除，源量程指示回零。

当反应堆功率升至中间量程为 $1\times10^{-8}$ A 时，下插控制棒，维持反应堆功率在该水平下，值班人员记录以下临界参数：

- 临界时间；
- 反应堆冷却剂系统硼浓度；
- 控制棒棒位；
- 反应堆冷却剂系统的 $T_{avg}$；
- 反应堆功率。

注意：

① 反应堆临界操作时，二回路不得进行有可能影响反应堆冷却剂系统温度变化的操作；

② 开始提升控制棒时，应注意源量程中子计数率及周期启动率的变化；

③ 若临界棒位低于插入极限，应紧急硼化 100 ppm，并将所有控制棒插入，重新计算临界硼浓度；

④ 若控制棒全部提出堆外，反应堆仍不能临界，应插入所有控制棒并重新计算临界硼浓度；

⑤ 若实际临界棒位与预计临界棒位差在 500 pcm 以上时，应插入所有控制棒，必须查明原因。

(4) 继续提升功率

将反应堆功率提升至 2%～5%额定功率。

## 3.4 功率运行

### 3.4.1 初始条件

(1) 反应堆功率到 2%～5%额定功率。

(2) 检查紧急停堆断路器。

(3) 所有反应堆冷却剂泵已投入运行。

(4) 辅助蒸汽由辅助锅炉供汽切换至主蒸汽供汽。

(5) 主蒸汽暖管结束，主蒸汽隔离阀已开启。

(6) 主给水泵已启动并将蒸汽发生器的给水由辅助给水切换至主给水。

(7) 冷凝器已抽真空至规定值。

(8) 蒸汽旁排系统处于压力控制模式。

(9) 汽水分离再热器处于自动控制状态。

(10) 汽轮机电液控制油系统运行正常。

(11) 发电机启动前的准备及检查工作已完成。

(12) 汽轮机冲转前的准备及检查工作已完成。

### 3.4.2　注意事项

(1) 在汽轮机启动和升负荷过程中，蒸汽发生器水位是非常不稳定的，并且有水位隆起之趋势。为便于控制起见，应维持蒸汽发生器水位在窄量程指示逼近一个报警或停机点，维持汽轮机负荷不变直至水位恢复到正常范围。要避免给水调节阀门的大开或大关，因为这样会引起蒸汽发生器水位突变。

(2) 要避免汽轮机长期运行在5%额定功率以下。

(3) 为了防止轴向氙振荡，维持功率峰因子在允许范围内，必须确保轴向中子注量率偏差在图3-4-1所示的限制带内。超出限制带运行会受到技术规格书中所定义的“惩罚分钟数”累积的限制。如果在24 h内累计的惩罚分钟数等于或大于60 min，则禁止在50%额定功率以上运行。

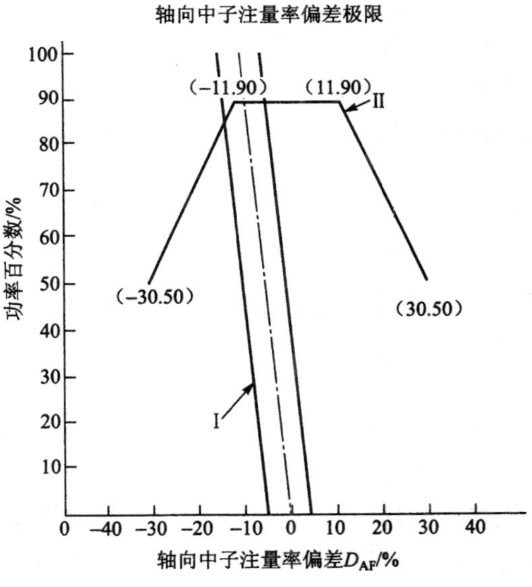


图 3-4-1　轴向中子注量率偏差

Ⅰ：运行限制带；Ⅱ：运行梯形

惩罚分钟数的累积计算如下：在50%额定功率水平以上运行，在限制带外运行1 min计作1个惩罚分，50%额定功率水平以下运行，在限制带外运行1 min，则计作0.5个惩罚分。

这些严格的限制导致了如下的核电厂运行变化。

要维持功率分布处在图3-4-1所示的限值之内，在功率运行的各个阶段(除短期的瞬态外)控制棒都基本保持在全部提出的状态。升功率的过程中既然控制棒已完全提出，那么与功率增加有关的功率亏损，必然由稀释硼而非用提棒方法来克服。

由于稀释硼是一个缓慢的过程，要想维持轴向中子注量率偏差在限制带内，就不可能维持大于2%/min的功率变化。

(4) 反应堆一旦临界，控制棒组的棒位必须维持在各自的“插入极限”之上。

(5) 停堆棒组和控制棒组A和B必须完全提出堆外，控制棒组C和D至少要提到如图

2-5-1 规定的限值之上。保持提起的控制棒棒位，确保有足够的有效的负反应性，以满足万一发生紧急停堆时所要求的停堆深度。

(6) 反应堆换料后，从 20%额定功率至 100%额定功率范围的首次功率提升限值应遵守技术规范(一般是 3%/h)。其后，该限值要视达到的最大功率水平和在此功率水平上的时间而定。若需要，功率提升速率可为 5%/h。

### 3.4.3 运行操作

反应堆功率升到 2%～5%额定功率后，准备汽轮机冲转。提升反应堆功率会引起汽轮机主蒸汽旁排阀门或卸压阀门进一步打开，以消耗多余的热量。通过汽轮机旁排阀门或卸压阀门，手动或自动控制蒸汽发生器水位，维持蒸汽发生器的程序水位。汽轮机冲转时，反应堆形成一个不变的蒸汽负荷(当汽轮机需要更多的蒸汽量时，旁排阀门会自动关小)。这有助于反应堆和蒸汽发生器的控制。此时可以有一台给水加热器疏水泵投入。

根据汽轮机运行操作规程，将汽轮机加速到额定转速。此时，反应堆功率为 2%～8%额定功率，大于汽轮机负荷。

发电机与电网频率同步后，合上发电机断路器与电网并网。电液控制系统自动设定在 5%额定功率。检查有关仪表，并按照汽轮机要求，在此功率水平上保持一段时间。之后，选择汽轮机负荷上升率，将其负荷增加至 15%。当汽轮机升负荷时，反应堆操纵员必须提升控制棒，以维持平均温度和参考温度相近。在升负荷过程中，汽轮机旁排阀门会自动关小，直至完全关闭。此后，可将旁排阀门从压力控制模式转换至平均温度控制模式，以备核电厂甩负荷或汽轮机停机。蒸汽发生器水位仍由主给水调节旁通阀门手动调节。

当功率水平达 15%或在其上时，控制棒和蒸汽发生器水位由手动控制模式转为自动控制模式。

通过选取负荷设定目标和汽轮机电液控制系统的负荷上升率，以及允许反应堆功率跟踪汽轮机负荷的变化，可以提高机组的功率水平。当汽轮机负荷增加时，反应堆冷却剂系统平均温度则要降低。此时，自动棒控制系统就会作出响应，提升控制棒增加反应堆的功率。

当负荷升到 30%～40%额定功率时，启动第二台凝水泵和循环水泵。汽水分离再热器约在 35%额定功率时投入运行。

当负荷达 50%额定功率时，进行功率量程核仪表热平衡计算，在 90%和 100%额定功率时，还需要进一步再做热平衡校算，以确保核仪表的正确标定。主要操作步骤如下：

(1) 辅助蒸汽系统由辅助锅炉供汽切换至主蒸汽供汽

(2) 启动主给水泵

(3) 蒸汽发生器由辅助给水泵切换至主给水泵

(4) 将辅助给水系统置于应急备用

(5) 冷凝器抽真空前的准备

辅助蒸汽系统由主蒸汽供汽；

冷凝器冷却水已投入；

冷凝器排汽管的放射性监测已投入；

汽轮机盘车装置运行正常。

(6) 冷凝器抽真空

向汽轮机轴封供蒸汽；

启动抽气器；

当冷凝器真空达到要求时维持之。

(7) 投入蒸汽旁排系统压力控制模式

当冷凝器真空大于 93.3 kPa，循环水的压力达一定值时，将旁排系统压力整定值按规定设置整定；

按下“压力控制”按钮，“压力控制”灯亮；

按下“手动切换至自动”按钮，“自动”灯亮；

调整大气释放阀定值；

确认大气释放阀自动关闭，而旁排阀自动工作，并维持蒸汽压力在规定范围。

(8) 确认汽水分离再热器在自动

(9) 启动电液控制油系统

(10) 发电机启动前准备

确认发电机、主变压器继电器保护已全部投入；

确认发电机灭磁开关、励磁机灭磁开关均在断开位置；

对发电机自动电压调节器作动作试验；

作发电机、主变压器、励磁机绝缘测试；

投入发电机冷却系统。

(11) 汽轮机冲转前检查

按照汽轮机运行规范作全面检查

(12) 提升反应堆功率到 5%～10%额定功率

(13) 确定升速速率并作以下试验

电液油压低；

润滑油油压低；

推力轴承磨损；

低真空。

(14) 汽轮机冲转

确认 $T_{avg}$ 在 280 ℃；

蒸汽旁排正常，随着汽轮机转速上升，用汽量增加，旁排阀门应自动关小。

(15) 汽轮机转速至 3 000 r/min

全面检查汽轮机的运行参数及就地检查。

(16) 汽轮机保护装置试验

作超速保护控制试验时，确认汽轮机旁通阀动作正常；

汽轮机机械超速注油试验。

(17) 发电机并网前检查

将反应堆功率提至 8%～10%额定功率；

按发电机技术规范要求检查。

(18) 发电机并网

确认旁排阀自动关小；

确认蒸汽发生器水位、压力正常；

维持反应堆、手动；

当反应堆功率在10%额定功率时：

- “功率量程低定值停堆”闭锁，P-10灯亮；
- “反应堆停堆”闭锁，P-7灯亮；
- 进行“中间量程中子注量率高”和“功率量程中子注量率高低定值”闭锁；
- 确认“I. R. 停堆闭锁”和“P. R. 停堆闭锁”灯亮。

(19) 维持发电机出力在5%额定功率下运行

确认二回路水质；

投入1号低压加热器；

对汽轮机发电机作全面检查。

(20) 提升发电机出力，5%～15%额定功率

设定目标值；

出力上升速率设定；

按“进入”按钮，汽轮机开始升负荷；

随着发电机出力上升增加，维持发电机功率因素；

手动提升反应堆功率；

随着发电机出力增加，逐渐关小汽轮机旁排阀，直至全部关闭；

当控制棒接近上限位置时，调节反应堆冷却剂系统硼浓度；

发电机出力达额定功率时，应确认汽水分离再热器开始暖机。

(21) 当发电机出力达15%额定功率时，“C-5”和“禁止控制投入自动”灯灭。将自动棒投入自动

汽轮机旁排阀切换至“$T_{avg}$控制”；

确认旁排阀全关；

将旁排控制选择开关置$T_{avg}$控制位置。

(22) 给水控制切换

将主给水调节阀投入自动，其旁通阀慢慢关闭，主给水阀慢慢开启，蒸汽发生器给水流量维持不变；

主给水旁通阀全关后，将其置“手动”。

(23) 提高发电机出力从15%～50%额定功率

设定目标值；

设定汽轮机负荷率；

按“进入”按钮。

反应堆功率上升，随着发电机出力增加，控制棒自动上提，直至规定的上限。调整硼浓度，使控制棒回到规定的范围内。

注意：随着发电机出力增加重点观察监视：

$T_{avg}$与$T_{ref}$之差值；

稳压器压力、水位变化；

蒸汽发生器水位；

超温 $\Delta T$、超功率 $\Delta T$ 的设定值与温度差指标。

(24) 发电机出力超过 35%额定功率时

确认汽水分离再热器的控制盘上“35%负荷”灯亮，汽水分离再热器进入基本负荷运行。

(25) 发电机出力达 40%额定功率时，按“保持”按钮，保持发电机出力在该水平上，并作以下操作：

启动第二台凝水泵；

启动第二台凝升泵；

启动第二台主给水泵；

启动第二台主循环泵；

随后按“进行”按钮继续提高发电机出力。

(26) 发电机出力达 50%额定功率时

将辅助蒸汽由主汽源改为汽轮机高压缸抽汽；

确认反应堆轴向中子注量率偏差在目标范围以内；

确认控制棒在规定范围内。

注意：过去 24 h 内，轴向中子注量率偏差超出目标的累计时间不得超过 1 h。并注意氙的变化趋势。

继续提高发电机出力从 50%～100%额定功率：

设定目标值；

设定汽轮机升负荷速率；

按“进行”按钮，确认发电机开始升负荷。

(27) 发电机出力达 65%额定功率

用汽轮机抽汽加热除氧器，除氧器进入滑压运行；

高压加热器疏水由扩容器切换至除氧器。

(28) 发电机出力达 75%额定功率时，根据需要再启动主循环水泵

(29) 发电机出力达 90%额定功率时，作热平衡计算并校核核功率量程中子注量率仪表

(30) 发电机出力达 100%额定功率时

a. 全面检查系统、设备运行情况；

b. 作热平衡计算；

c. 校核核功率表并核实反应堆热功率。

## 3.4.4 运行中的负荷瞬变

### 3.4.4.1 简介

根据核电厂事件发生的预计概率和可能对公众带来的放射性污染后果，一般将运行工况分为四类，其中第一类工况就是正常运行和运行瞬变。核电厂是以发电为主要任务的，稳定功率运行应该是主要工况，这不同于核潜艇军用的目的在于突出机动性，但是，核电厂的负荷变化仍然是正常运行中经常进行的操作，而核电厂在设计上也都考虑了这种运行的要求，所以在讨论异常故障与事故之前，先讨论一下负荷变化引起的瞬变过程很有必要。

在讨论负荷变化瞬态之前，应该着重温习几点：

(1) 核电厂运行特点是，二回路是主动的，一回路是跟踪二回路变化的，即反应堆功率跟踪汽轮机负荷变化；

(2) 核电厂棒控系统设计中，能够满足如下的负荷变化：

① 负荷线性变化

负荷变化率≤±5%/min

② 负荷阶跃变化

负荷变化量≤±10%

负荷变化率=±200%/min

(3) 负荷变化过程中，也可验证核电厂的一些系统的功能，如蒸汽旁排系统、棒控系统等。

### 3.4.4.2 负荷线性下降的瞬变

这是一个汽轮机负荷线性下降的过程。汽轮机以5%/min的负荷变化率下降负荷，如一座装机容量为1 200 MW的核电厂，当汽轮机的负荷以5%的变化率线性下降负荷，从100%降至50%，即每分钟以60 MW的速率将负荷从100%下降到50%。由于负荷线性变化，且在棒控系统设计值之内，所以一回路能较好地跟踪二回路的变化，整个过程中电厂诸参数的变化均比较缓慢，所选取的初始条件的主要参数如表3-4-1所示。

**表3-4-1 负荷线性从100%下降到50%，速率每分钟5%**

| | | |
|---|---|---|
| 初始条件 | 燃耗 | 燃料循环周期初期(BOL) |
| | $T_{avg}$ | 296.7 ℃ |
| | 反应堆冷却剂系统压力 | 15.6 MPa |
| | 功率水平 | 100% |
| | 其他 | 棒束D处于220步，有足够的反应性跟踪负荷的下降 |

所记录的主要参数为负荷、核功率、控制棒位、稳压器压力、稳压器水位、上充流量、平均温度与参考温度、蒸汽流量、给水流量、蒸汽发生器水位及蒸汽压力等。运行所得瞬变曲线见图3-4-2。

分析与讨论：

操纵员通过汽轮机数字电液(DEH)控制盘以每分钟60 MW的变化速率(5%/min)，将负荷从1 200 MW线性下降到600 MW。由于二回路负荷下降，功率失配引起控制棒下插。基本原理是，棒控制中包括两个线路，即功率失配与温度失配线路，见图3-4-3。

功率失配线路对负荷的变化能提供较快且稳定的响应。输入到此线路有两个信号，即汽轮机负荷和核功率。功率失配线路监视此二信号，并只在这两个信号之间存在变化率时，才提供一个输出信号。变化率越大，则从"率比较器"的输出就越大，通过求和单元线路，输入到反应堆控制单元，最终将引起控制棒的动作。

核功率随着控制棒的下插而下降。平均温度 $T_{avg}$ 总的趋势是随着核功率下降而下降。随着时间的增长，控制棒下插速度变慢，这是由于功率失配变化率改变了方向。此时，核功率下降快于汽轮机降负荷，尽管仍然 $T_{avg}$ 大于 $T_{ref}$。最后，控制棒又有所提升。这是由于稳态运行时，功率失配线路不产生稳态误差信号。此时，温度失配线路起着精细控制的作用。

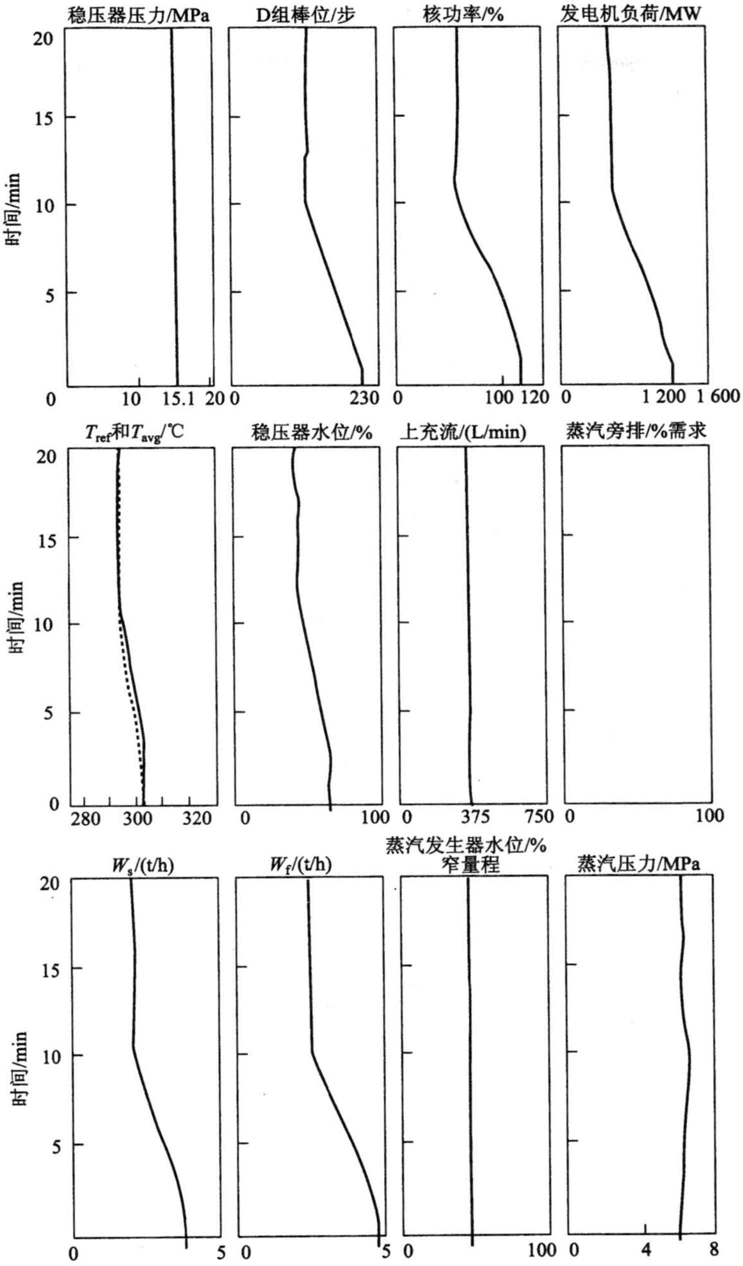


图 3-4-2　负荷从 100%以 5%/min 的速率下降到 50%

输入到此线路也有两个信号，即最高的平均温度 $T_{avg}$和参考温度 $T_{ref}$，见图 3-4-3。这种情况下，求和单元里 $T_{avg}$和 $T_{ref}$比较，如果比较信号超过规定范围(+0.3 ℃，−1.4 ℃)，棒将动作。当 $T_{avg}>T_{ref}$时，棒下插；相反，当 $T_{avg}<T_{ref}$时，棒上提。

稳压器的压力在线性负荷变化情况下，基本保持不变。稳压器的水位与平均温度有关，总的趋势是水位随 $T_{avg}$下降而下降，满负荷时水位约为 60%，50%负荷时相应的水位为

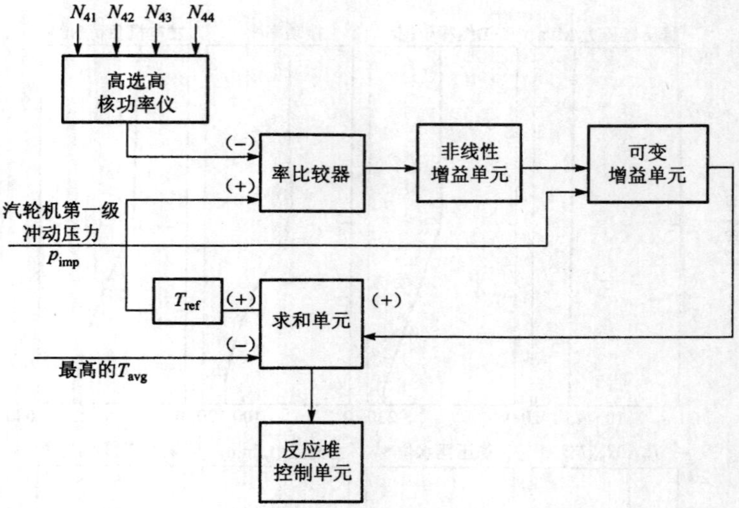


图 3-4-3 棒控系统控制示意图

40%，上充流的变化取决于稳压器内实际水位 $L_{act}$ 与参考水位 $L_{ref}$ 的差值。当 $L_{act}<L_{ref}$ 时，稳压器内的水位靠增大上充流量来维持。

由于降负荷，汽轮机对蒸汽的需求量减小，从而蒸汽流量 $W_s$ 下降。给水流量 $W_f$ 紧跟蒸汽流量 $W_s$ 下降而下降。蒸汽发生器的水位是由蒸汽流量 $W_s$ 和给水流量 $W_f$ 来决定的。当给水流量大于蒸汽流量($W_f>W_s$)时，蒸汽发生器水位上升；反之亦然。蒸汽压力 $p_s$ 随着负荷下降蒸汽量减小而有所增高。

负荷线性上升的瞬变基本是下降瞬变的逆过程。

### 3.4.4.3 负荷阶跃上升的瞬变

这是一个汽轮机负荷阶跃上升的过程。同样假定机组容量为 1 200 MW，汽轮机以 200%/min，即以 2 400 MW/min 的速率将负荷从 90%升到 100%。由于负荷阶跃变化，整个过程中核电厂的参数都迅速作出响应。所选取初始条件的主要参数见表 3-4-2。

**表 3-4-2 负荷从 90%阶跃上升到 100%**

| | | |
|---|---|---|
| 初始条件 | 燃耗 | 燃料循环周期初始(BOL) |
| | $T_{avg}$ | 301 ℃ |
| | 反应堆冷却剂系统压力 | 15.6 MPa |
| | 功率水平 | 90% |
| | 其他 | 正排量上充泵运行 |

所记录的主要运行参数同前，也为负荷、核功率、控制棒位、稳压器压力、稳压器水位、上充流量、平均温度与参考温度、蒸汽流量、给水流量、蒸汽发生器水位及蒸汽压力等。所得瞬变曲线如图 3-4-4 所示。

分析与讨论：

操纵员通过数字电液(DEH)控制盘以 2 400 MW/min 的变化速率，将负荷从

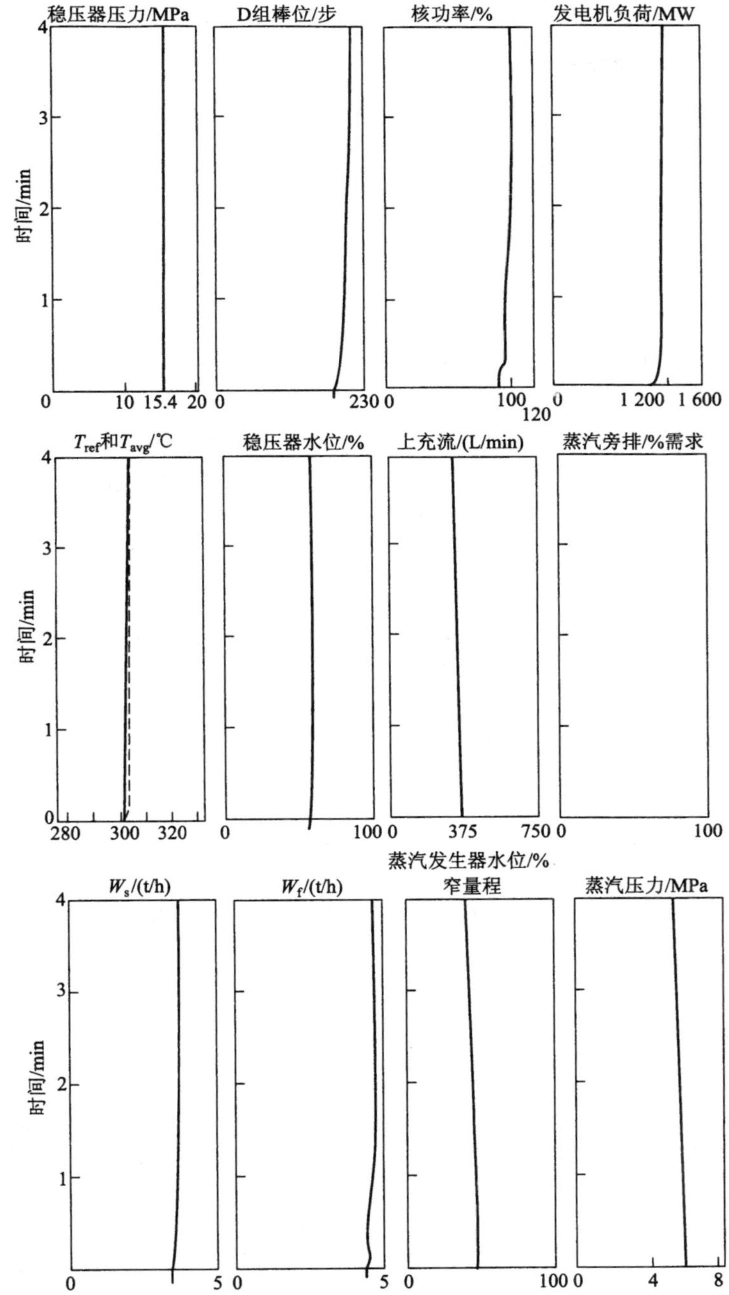


图 3-4-4　从 90%功率以 200%/min 的速率阶跃上升到 100%功率

1 080 MW 阶跃升至负荷 1 200 MW。由于一、二回路功率失配，控制棒迅速提起以响应这一变化。核功率随着控制棒的提起而上升。平均温度 $T_{avg}$ 也随着核功率的上升而增高。参考温度 $T_{ref}$ 随着负荷上升而增高。蒸汽流量 $W_s$ 为适应于负荷的阶跃上升，在一开始有较大的增长。蒸汽发生器水位因负荷阶跃上升在开始阶段也出现小膨胀(swell)现象。其他与负荷线性变化相同。

负荷阶跃下降与阶跃上升的瞬变基本是逆过程。

### 3.4.4.4 负荷快速下降的瞬变

本节所讨论的初始条件基本与前相同，不同之处在于汽轮机负荷以 200%/min 快速从 100%降至 50%。这里共讨论四种不同运行方式的瞬变：

(1) 控制棒处于自动，蒸汽旁排可用；

(2) 控制棒处于手动，蒸汽旁排可用；

(3) 蒸汽旁排失效，控制棒处于自动；

(4) 蒸汽旁排失效，且控制棒处于手动。

所记录的主要运行参数同前，但因为要涉及蒸汽旁排系统，所以还要有蒸汽旁排需求的记录。表 3-4-3～表 3-4-6 所示为负荷快速下降的初始条件。图 3-4-5 表示负荷从 100%快速降至 50%（棒控自动，旁排可用）的瞬变曲线。图 3-4-6 表示负荷从 100%快速降至 50%（棒控手动，旁排可用）的瞬变曲线。图 3-4-7 表示负荷从 100%快速降至 50%（棒控自动，旁排失效）的瞬变曲线。图 3-4-8 表示负荷从 100%快速降至 50%（棒控手动，旁排失效）的瞬变曲线。

**表 3-4-3 负荷快速从 100%降至 50%（棒控自动，旁排可用）**

| | | |
|---|---|---|
| 初始条件 | 燃耗 | 燃料循环初期(BOL) |
| | $T_{avg}$ | 303 ℃ |
| | 反应堆冷却剂系统压力 | 15.6 MPa |
| | 功率水平 | 100% |
| | 其他 | 控制棒 205 步 |

**表 3-4-4 负荷快速从 100%降至 50%（棒控手动，旁排可用）**

| | | |
|---|---|---|
| 初始条件 | 燃耗 | 燃料循环初期(BOL) |
| | $T_{avg}$ | 303 ℃ |
| | 反应堆冷却剂系统压力 | 15.6 MPa |
| | 功率水平 | 100% |
| | 其他 | 棒控系统置手动；正排量泵运行 |

**表 3-4-5 负荷快速从 100%降至 50%（棒控自动，旁排失效）**

| | | |
|---|---|---|
| 初始条件 | 燃耗 | 燃料循环初期(BOL) |
| | $T_{avg}$ | 303 ℃ |
| | 反应堆冷却剂系统压力 | 15.6 MPa |
| | 功率水平 | 100% |
| | 其他 | 蒸汽排放阀控制系统置于“关”的位置；<br>正排量上充泵运行 |

**表 3-4-6　负荷快速从 100%降至 50%(棒控手动,旁排失效)**

| | | |
|---|---|---|
| 初始条件 | 燃耗 | 燃料循环初期(BOL) |
| | $T_{avg}$ | 303 ℃ |
| | 反应堆冷却剂系统压力 | 15.6 MPa |
| | 功率水平 | 100% |
| | 其他 | 控制棒系统置于手动;蒸汽排放阀控制系统置于“关”的位置;正排量上充泵运行 |

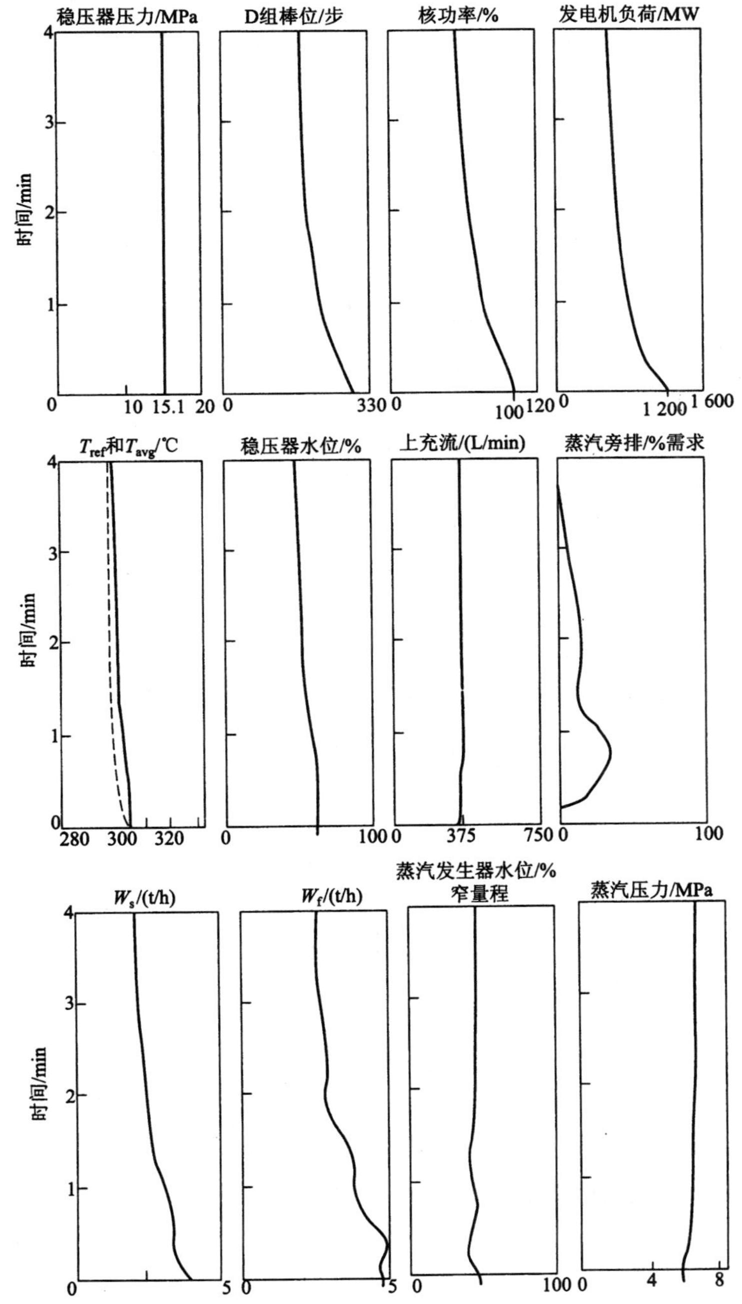


图 3-4-5　负荷快速从 100%降至 50%功率(棒控自动,旁排可用)

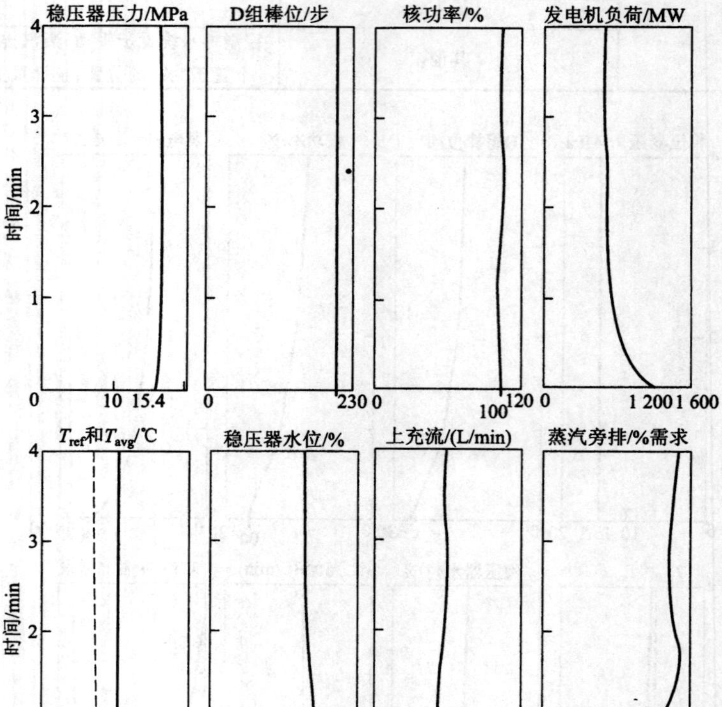


图 3-4-6 负荷快速从 100％降至 50％功率(棒控手动，旁排可用)

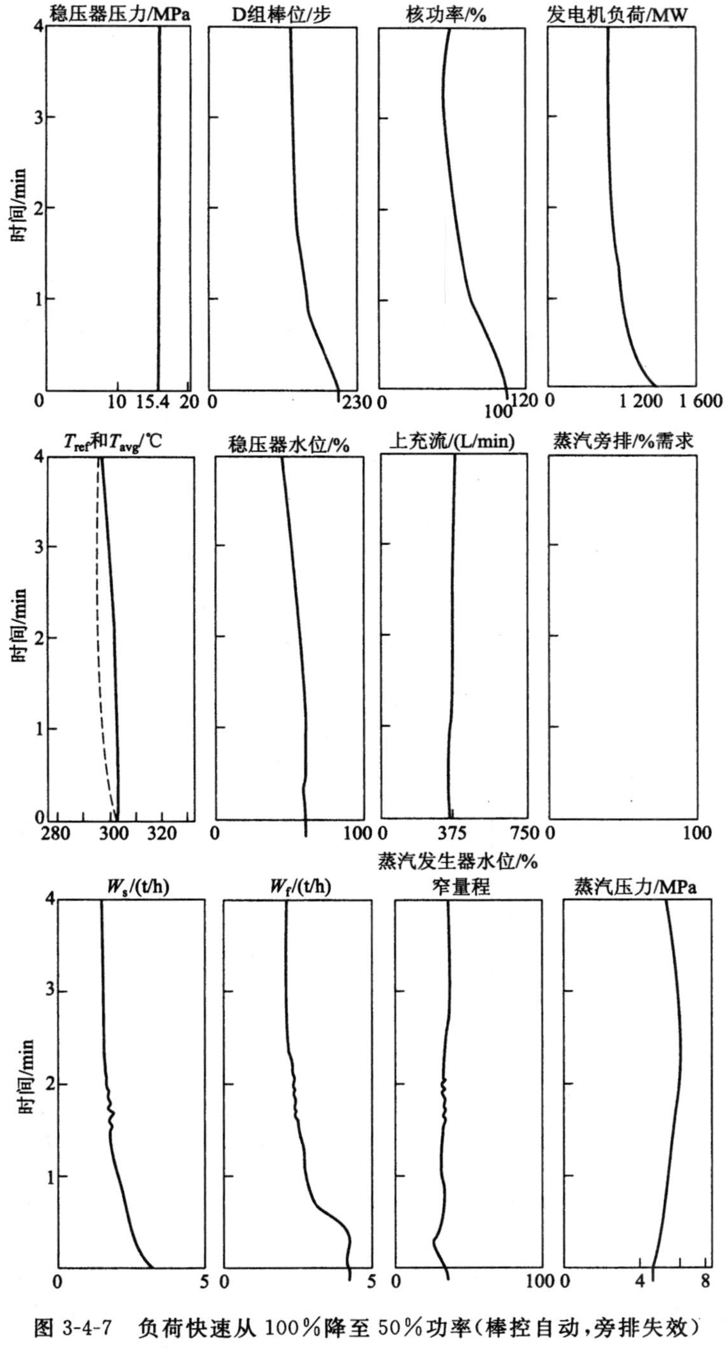


图 3-4-7　负荷快速从 100%降至 50%功率(棒控自动,旁排失效)

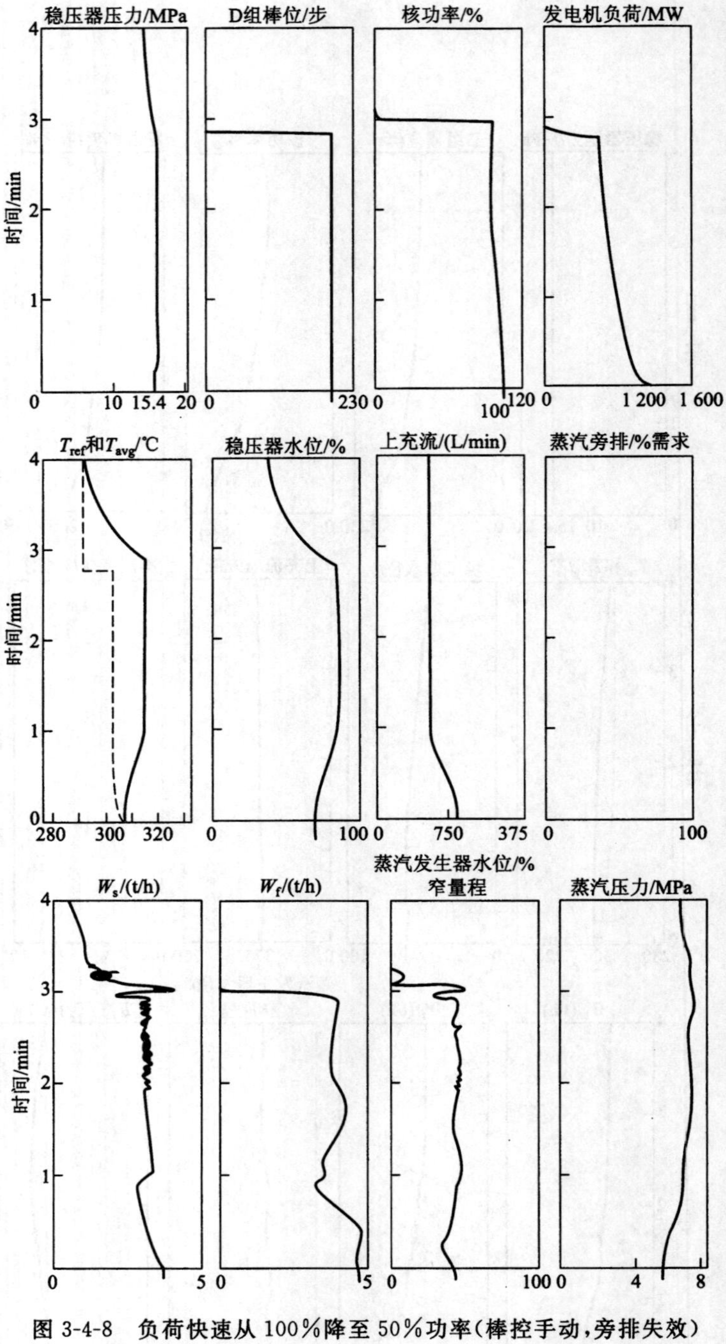


图 3-4-8 负荷快速从 100%降至 50%功率(棒控手动,旁排失效)

在上述四个运行例子中,例(1) 虽然控制棒能自动跟踪二回路负荷的变化,但由于负荷变化得太快,不能完全跟上,所以,出现了蒸汽排放,但只有两个蒸汽排放阀开启。例(2) 的特点是控制棒不能自动跟踪二回路负荷的下降,所以在曲线中出现棒位不变,核功率也不变(开始阶段)。但由于快速降负荷,一方面参考温度会明显下降,另一方面,平均温度会上升。平均温度的上升,负的反应性温度系数会导致核功率有所下降。随着($T_{avg}-T_{ref}$)的增大,不仅蒸汽排放需求值增大(可达 90%)，因为满足降负荷运行的条件，所以通向冷凝器的所有蒸汽排放阀将全部开启。例(3) 由于蒸汽排放功能故障，这样，即使($T_{avg}-T_{ref}$)>2.8 ℃，蒸汽排放需求指示仍然为零。在快速降负荷过程中，自动棒是跟不上的。虽然($T_{avg}-T_{ref}$)仍然继续增大，但还不会使蒸汽排放阀打开。这样，一方面蒸汽流量，随负荷快速下降而相应下降，但不同于例(1) 会出现因蒸汽排放阀开启而下降减缓的情况；另一方面，此时二回路蒸汽压力却要不断升高。如果升到卸压阀的定值点。则卸压阀会打开，蒸汽流量、给水流量及蒸汽发生器的水位都会出现波动现象。例(4) 的控制条件最差，不仅控制棒不能跟踪，而且又无蒸汽排放能力。所以，在二回路快速降负荷时，一回路仍然产生原来满负荷所需要的能量。这样，蒸汽压力势必迅速增长，很快就会从开始值上升到二回路卸压阀的定值点，使卸压阀打开。而压力继续升高至最大值，会使二回路安全阀出现开启、关闭的往复动作，致使蒸汽流量、给水流量出现大的波动现象。蒸汽发生器的水位也会产生小幅度的波动。这样持续大约 1 min，最后，由于主给水泵吸入压头的丧失引起汽轮机停机，从而也停堆了。

在这些瞬变过程中，与前者不同的是涉及蒸汽旁排系统。这是由于二回路负荷快速下降，而一回路跟不上二回路负荷变化的原因造成的。运行曲线中均给出蒸汽旁排需求值的记录。

分析与讨论：

首先讨论蒸汽旁排需求的变化问题。蒸汽排放是核电厂二回路的重要系统之一，它包括若干个蒸汽排放阀，其中部分通向冷凝器，部分通向大气。共有两种控制方式，即平均温度控制方式和蒸汽压力控制方式。在功率运行时，它处在平均温度控制方式，见图 3-4-9。

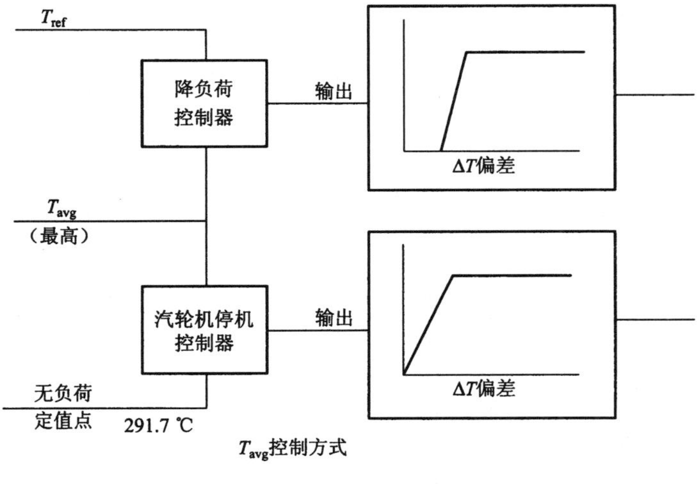


图 3-4-9　蒸汽旁排控制示意图

它包括降负荷控制器和汽轮机停机控制器，其输入信号都是 $T_{avg}$ 和 $T_{ref}$。汽轮机停机控制器采用无负荷温度 291.7 ℃为 $T_{ref}$。

值得注意的是，在($T_{avg}-T_{ref}$)大于蒸汽旁排需求范围时，蒸汽旁排需求仪表就有读数，但只有在降负荷和汽轮机停机两种运行情况下，蒸汽旁排阀才会打开。这正是为什么这里要讨论快速降负荷，而不是讨论升负荷的原因。

# 3.5 功率运行中的两个估算——稀释率与热平衡计算

## 3.5.1 稀释率的确定

在压水堆核电厂功率运行中，提高发电机负荷是由一回路核功率来跟踪提高的。一般的负荷变化率是很小的，正常情况下是通过稀释冷却剂硼浓度来完成的。下面将通过一个例子来讨论稀释率的确定。

假定已知的初始条件：50％功率，堆芯寿期初（BOL），反应堆冷却剂系统的硼浓度为875 ppm。如果负荷变化率为1％/min，从50％升至100％满功率，在满足技术规格书的要求下，尽量保持控制棒位不变，靠改变一回路的硼浓度来跟踪负荷变化，试确定稀释率。

根据图3-3-5可查得，50％功率时功率亏损值为700 pcm，100％功率时功率亏损值为1 350 pcm，所以，从50％升至100％满功率时功率亏损净值为－650 pcm，即向堆芯引入了650 pcm的负反应性。根据图3-3-6查得，硼的浓度每变化1 ppm其相应变化的反应性价值为－11 pcm。如果要改变硼浓度来补偿功率亏损，则要进行稀释使浓度降低59 ppm［－650 pcm/（－11 pcm/ppm）］。也就是说，最终反应堆冷却剂系统的硼浓度应为816 ppm（875 ppm－59 ppm）。由于负荷变化率为1％/min，所以，从功率50％升至100％满功率需要50 min。因此，硼浓度变化率$R$＝59 ppm/50 min＝71 ppm/h。由图3-5-1可查得，稀释率约为257 L/min。既然已知稀释率，则总稀释量为257 L/min×50 min＝12 850 L。这样就可在稀释控制器上调整定值点而满足功率运行的要求。

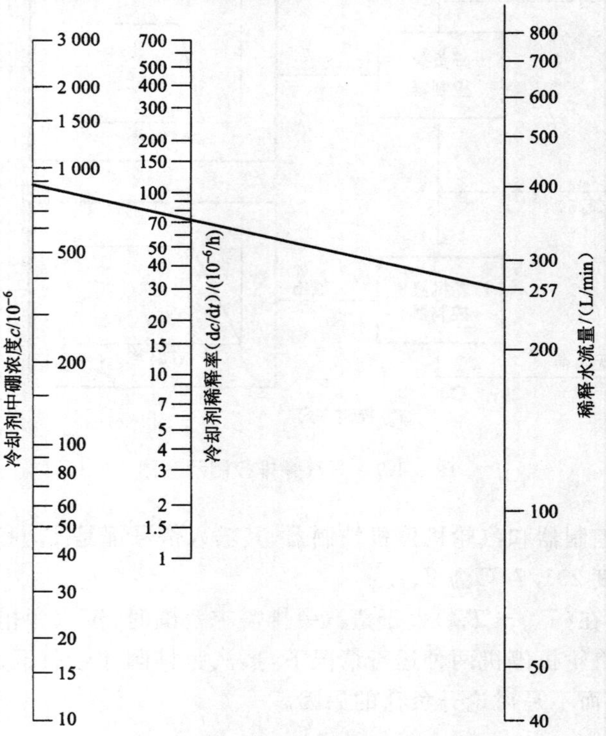


图3-5-1 硼稀释率

### 3.5.2　热平衡计算

核电厂核功率测量是由堆外中子测量系统完成的。中子探测器位于反应堆压力容器外一次屏蔽中的仪表孔道里，中子测量系统为反应堆保护和运行提供指示、控制、保护和报警信号。因而，在实际运行中必然会碰到一个问题，即这样测量的结果是否真实可靠？为此就必须用热平衡计算来校核，而且应该在不同功率水平上，如在30%、50%、70%、90%及100%满功率上，都需要进行校核，以保证核功率与热功率平衡。

热平衡计算的主要依据是能量守恒，即一回路产生的总能量应该等于二回路载出的总能量，即

一回路产生之总能量＝堆芯释放出的能量＋反应堆冷却剂泵的能量

二回路载出之总能量＝SG蒸汽载出的能量－SG给水返回能量

所以

堆芯释放出的核能＝二回路载出能量－反应堆冷却剂泵的能量

＝蒸汽载出能量－给水返回能量－反应堆冷却剂泵的能量

主要冷却源

(1) SG蒸汽系统载出的能量；

(2) SG给水返回能量；

(3) SG排污能量；

(4) 系统散热。

其中(3)、(4)相对较小，在计算中可以忽略。

下面通过一个具体例子予以说明。

例题：某三环路压水堆核电厂堆芯释放出的核能，在满功率时，为2 775 MW；一台反应堆冷却剂泵的功率为19.1×10$^6$ kJ/h；电功率为950 MW；实测核功率为98%；给水温度为225 ℃；蒸汽压力为6.3 MPa，给水流量为1 869 t/h，蒸汽流量为1 842 t/h。

为简化计算，假定：

① 四条核仪表通道和三台蒸汽发生器中参数相同；

② 每个环路中冷却剂泵功率为19.1×10$^6$ kJ/h；

③ 不考虑其他热量损耗等。

试计算热功率和它对应的百分比功率，并验证是否满足核测系统功率量程仪表的校准标准。

(注：100%的核功率对应的热功率为2 775 MW。)

解：① 根据给水温度225 ℃，查表得

$$给水焓\ h_f = 967.88\ kJ/kg$$

② 根据蒸汽压力(绝对)6.3 MPa，查表得

$$蒸汽焓\ h_s = 2\ 781.8\ kJ/kg$$

③ 每条环路给水功率＝给水焓×给水流量

$$= 1\ 869\ t/h \times 967.88\ kJ/kg \times 1\ 000\ kg/t$$

$$= 1\ 809.0 \times 10^6\ kJ/h$$

④ 每条环路蒸汽功率＝蒸汽焓×蒸汽流量

$=1\ 842\ \text{t/h}\times 2\ 781.8\ \text{kJ/kg}\times 1\ 000\ \text{kg/t}$

$=5\ 124.1\times 10^6\ \text{kJ/h}$

⑤ 每条环路功率＝蒸汽功率－给水功率

$=(5\ 124.1-1\ 809.0)\times 10^6\ \text{kJ/h}$

$=3\ 315.1\times 10^6\ \text{kJ/h}$

因为假定了三条环路相同，所以

总功率 $P=3\times 3\ 315.1\times 10^6\ \text{kJ/h}$

$=9\ 945.3\times 10^6\ \text{kJ/h}$

因此， 热功率 $=(9\ 945.3\times 10^6\ \text{kJ/h}-57.3\times 10^6\ \text{kJ/h})/3\ 600\ \text{s}$

$=2\ 746.7\ \text{MW}$

百分比功率＝[净功率(MW)/2 775 MW]×100%

$=(2\ 746.7/2\ 775)\times 100\%$

$=99\%$

整个机组效率＝电功率/热功率×100%

$=34.6\%$

根据计算结果查图 3-5-2，结果发现纵横坐标交点落在范围之外，因此，此问题不满足核测仪表的校准标准，应该由仪表和控制组(I&C)进行调整。

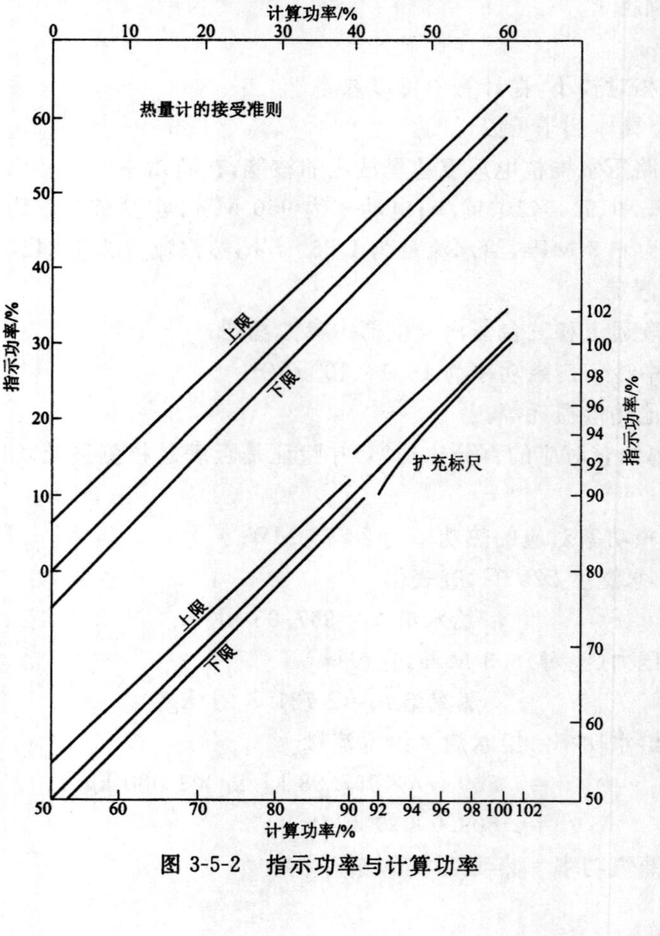


图 3-5-2 指示功率与计算功率

# 3.6　核电厂停闭

## 3.6.1　初始条件

（1）核电厂在100%额定功率或预定的负荷下稳定运行，汽轮机数字电液控制系统处于“自动”模式；

（2）反应堆功率调节系统处于“自动”方式，调节棒组保持在调节带内，轴向中子注量率偏差 $\Delta I$ 控制在目标带内；

（3）稳压器压力控制系统、液位控制系统处于“自动”；

（4）汽轮机旁排系统处于“平均温度”控制方式，大气释放阀门处于“自动”；

（5）蒸汽发生器液位由主给水调节阀自动调节；

（6）反应堆补给水控制系统处于“自动补给”方式，一台上充泵工作，另一台备用；

（7）反应堆、汽轮发电机组保护系统及各保护系统之间的联锁均处于正常工作状态。专设安全设施处于热备用；

（8）核电厂厂用电及向电网供电系统、继电保护系统工作正常。柴油发电机处于热备用；

（9）所有系统的水质均符合技术规格书中有关水质的规范要求，所有系统设备的润滑油油质合格；

（10）空调、通风送、排正常；

（11）内部、外部通信正常。

## 3.6.2　注意事项

### 3.6.2.1　降低负荷时的注意事项

（1）功率下降时，必须预计氙变化的影响，如有必要应调整硼浓度，使调节棒组处于调节带内；

（2）在反应堆冷却剂硼浓度变化时，如控制棒动作与 $T_{avg}$ 变化向相反方向动作时，应停止硼化；

（3）如果控制棒“手动”控制时，应避免过大的移动或对原因不明的过大补偿；

（4）降负荷时，应遵守汽轮发电机组运行规程中规定的最大5%/min负荷变化率；

（5）反应堆功率变化时，应监督核电厂允许状态屏来验证允许电路的正确运行；

（6）应遵守轴向功率分布限值的规定。

### 3.6.2.2　最小负荷时的注意事项

（1）当汽轮机负荷减至控制信号C-5(15%)额定功率设定值时，将自动闭锁自动棒提升；

（2）应避免出现反应堆冷却剂温度±5.5 ℃或硼浓度10 ppm的阶跃变化；

（3）为避免停止汽轮机后反应堆停闭，应先确认P-7信号(即反应堆和汽轮机功率均小于10%额定功率)；

（4）汽轮机应尽量避免在5%额定功率以下的较长时间运行；

(5) 当所有控制棒包括停堆棒插入时,停堆深度至少应维持在 4%$\Delta k/k$ 以上。

### 3.6.2.3 热停堆模式时的注意事项

(1) 确认调节棒组插入堆芯,停堆棒组插入堆芯或在提出位置;

(2) 反应堆冷却剂温度由汽轮机旁排压力控制或大气释放阀控制,维持在热停堆模式;

(3) 蒸汽发生器水位由辅助给水系统维持;

(4) 至少应有一个源量程中子通道工作正常,以监测中子计数率变化;

(5) $T_{avg}$ 在 180 ℃以上时,至少要有一台蒸汽发生器在运行;

(6) 反应堆冷却剂在 180 ℃或余热排出系统未投入运行时,稳压器的安全阀应是可运行的;

(7) 反应堆冷却剂温度在 70 ℃以上,应有一台反应堆冷却剂泵运行;

(8) 在反应堆停闭后,停堆深度一定不能减少,在反应堆停闭后,由于氙的衰变将会引入正反应性;

(9) 当发生硼排出,氙衰变或反应堆温度变化而引入正反应性时,停堆棒组必须全部提出堆外。例外:

① 反应堆冷却剂系统已硼化到热停堆无氙硼浓度;

② 反应堆冷却剂系统已硼化到冷停堆模式硼浓度,且电厂正在冷却或开始启动升温。

注意:如果停堆棒组不能维持在全提出位置,反应堆冷却剂系统必须按技术规范要求进行硼化。

### 3.6.2.4 降温、降压时的注意事项

(1) 在反应堆冷却剂系统降温降压前,必须把反应堆冷却剂系统硼化到冷停堆模式的硼浓度(2.0%$\Delta k/k$),冷却过程中的补给水硼浓度应与反应堆冷却剂系统硼化后的硼浓度相同;

(2) 反应堆冷却剂系统的冷却速率不应超过 30 ℃/h,稳压器的冷却速率不应超过 55 ℃/h;

(3) 当稳压器液相温度与喷淋液温度相差 144 ℃以上时,禁止喷淋;

(4) 当停止回路与运行回路温差超过 11 ℃时,应启动停止回路的反应堆冷却剂泵;

(5) 反应堆冷却剂系统温度在 180 ℃,压力在 2.96 MPa 以上,严禁投入余热排出系统,但余热排出系统应在稳压器汽腔存在时投入;

(6) 余热排出系统投入前必须暖管,但在暖管前必须对余热排出系统取样分析硼浓度,必要时应先进行硼化;

(7) 冷却过程中必须多次分析反应堆冷却剂系统的硼浓度;

(8) 降温降压过程中,必须遵守技术规范所规定的压力-温度限制曲线;

(9) 当反应堆压力降至 13.1 MPa 以下时,在 P-11 灯亮后,应闭锁稳压器低压安注,安注给水隔离和主蒸汽管道隔离等;

(10) 当反应堆冷却剂系统压力低于 6.86 MPa 时,应手动关闭安注箱出口隔离阀门,并切断其电源;

(11) 当稳压器汽腔消失,且反应堆冷却剂系统温度低于 180 ℃时,应投入稳压器卸压阀低压保护;

(12) 在反应堆冷却剂温度降到低-低 $T_{avg}$ 前，压力降至 P-12 设定值时，应手动闭锁低-低 $T_{avg}$ 安注信号；

(13) 当反应堆冷却剂系统压力降至 2.75 MPa 时，不允许反应堆冷却剂泵再运行。压力低于 0.686 MPa 时，必须停止向反应堆冷却剂泵轴封供水；

(14) 反应堆冷却剂温度低于 70 ℃后，对停止的反应堆冷却剂泵应继续提供轴封水和设备冷却水，只有在泵停止 30 min 后，才允许停止；

(15) 反应堆冷却剂泵停止后，余热排出泵必须继续运行；

(16) 如果强制循环丧失，应参照“利用自然循环控制电厂的温度和压力”规程。

## 3.6.3 运行操作

### 3.6.3.1 从功率运行模式至热停堆模式

(1) 下降功率准备

① 记录原始数据；

② 确认控制棒在规定调节带内；

③ 汽轮机旁排在 $T_{avg}$ 控制方式下；

④ $T_{avg}-T_{ref}$ 值在规定范围内；

⑤ SG 水位在程序水位，主给水调节阀在自动位置；

⑥ 确定发电机功率下降速率；

⑦ 通知电网调度。

(2) 下降发电机出力(从 100％额定功率～15％额定功率)

① 设定 15％额定功率目标值：

按“设定”按钮；

按“进入”按钮。

② 按曲线选定负荷下降速率：

按“负荷率”按钮；

按“进入”按钮。

③ 汽轮机开始按指定速率下降功率；

④ 调节发电机无功；

⑤ 监视发电机、汽轮机参数。

(3) 反应堆功率自动跟踪汽轮机功率

① D 组调节棒自动下降；

② 对反应堆冷却剂系统进行调整硼浓度(硼化)；

③ 确保 $\Delta I$ 在目标范围内；

④ 其他运行正常。

(4) 反应堆功率降至 65％额定功率

① 除氧器改由辅助蒸汽管供汽；

② 停一台循环水泵；

③ 3 号高压加热器疏水至除氧器切换至疏水扩容器。

(5) 发电机功率降至 50％额定功率

① 辅助蒸汽母管由汽轮机抽汽供汽改为主蒸汽供给；
② 启动辅助锅炉。
(6) 发电机功率降至40%额定功率
① 停一台主给水泵；
② 停一台凝水泵；
③ 停一台凝升泵；
④ 停一台循环水泵。
(7) 发电机功率降至20%额定功率
① 停止1、2、3号高压加热器供汽；
② 确认汽轮机本体疏水阀已开启；
③ 确认低压缸排汽喷淋减温装置自动投入。
(8) 发电机功率降至15%额定功率
① 发电机功率不再下降；
② 将主给水阀切换至主给水旁通阀；
③ 检查蒸汽发生器水位，主给水旁通阀等工作情况；
④ 确认发电机功率因数；
⑤ 确认C-5信号出现，将控制棒控制方式由"自动"切换至"手动"。
注意：使调节棒处于调节带内。
(9) 汽轮机旁排阀由"$T_{avg}$"方式改为"压力"控制方式
(10) 发电机功率由15%额定功率降至5%额定功率
① 确认数字电动液压控制在自动；
② 设定5%额定功率为目标值；
③ 设定负荷下降速率；
④ 按"进行"按钮，汽轮机按规定的速率下降功率；
⑤ 手动调节反应堆功率；
⑥ 下降功率过程中注意以下参数：
棒位在规定范围内；
稳压器压力和水位；
蒸汽发生器水位维持在程控水位；
$T_{avg}$与$T_{ref}$差值。
(11) 发电机功率降至10%额定功率
① "低负荷运行"灯亮；
② P-13允许灯亮；
③ 在核功率低于10%额定功率时，P-10允许灯灭，此时应确认中间量程中子注量率高和功率量程中子注量率低整定值自动解除反应堆停堆闭锁，"P-7"灯亮。
(12) 发电机功率降至5%额定功率时与电网联系解列发电机
(13) 解列发电机
① 降发电机功率至零；
② 切断与电网连接开关；

③ 断开隔离开关；

④ 确认汽轮机在 3 000 r/min 运行，汽轮机旁排阀门动作正常；

⑤ 反应堆功率跟踪下降正常；

⑥ 调节棒处于规定的工作带内。

(14) 停止汽轮机

① 按“汽轮机脱扣”按钮；

② 汽轮机转速下降时确认汽水分离再热器停止工作等；

③ 汽轮机转速降至 600 r/min 时，确认喷淋降温装置自动停止；

④ 汽轮转速下降至 200 r/min 时，确认顶轴油泵自启动等。

(15) 将辅助蒸汽母管由主蒸汽供汽切换至辅助锅炉供汽

(16) 插入控制棒停闭反应堆

① 当反应堆功率稳定在中间量程 $1\times10^{-8}$ A 时，记录以下临界参数：

反应堆功率；

反应堆冷却剂系统的 $T_{avg}$；

反应堆冷却剂系统的硼浓度；

临界棒位。

② 当中间量程指示小于 $1\times10^{-10}$ A 时，确认 P-6 信号灯灭，源量程高压自动投入，源量程音响计数装置自动投入。

(17) 汽轮机盘车

① 确认盘车自动投入；

② 连续盘车必须在 48 h 以上；

③ 停止发电机冷却。

#### 3.6.3.2　从热停堆模式至冷停堆模式

(1) 调整热停堆硼浓度

① 将反应堆冷却剂系统的硼浓度调整至冷停堆无氙的硼浓度；

② 投入稳压器备用电加热器，使喷淋阀自启动，使稳压器的硼浓度与反应堆冷却剂系统趋于一致；

③ 硼化后取样分析，确认是否符合要求。

(2) 确认热停堆模式

① 反应堆冷却剂系统 $T_{avg}$ 由汽轮机旁排系统控制并维持在 280 ℃；

② 反应堆冷却剂系统压力由电加热器与喷淋系统维持；

③ 稳压器水位自动维持在零功率水位；

④ $k_{eff}<0.98\Delta k/k$；

⑤ 蒸汽发生器水位由辅助给水泵维持。

(3) 反应堆冷却剂系统净化

① 增大下泄流；

② 维持稳压器和容积控制箱水位及反应堆冷却剂泵轴封水。

(4) 反应堆冷却剂系统进行降温降压

① 增大蒸汽排放量；

注意：冷却速率应小于 30 ℃/h。

② 手动打开稳压器喷淋阀，进行稳压器降温降压；

注意：降温速率应小于 55 ℃/h。

③ 当反应堆冷却剂系统压力降压至 14.9 MPa 时，稳压器压力低报警；

④ 随着反应堆冷却剂系统降温，使稳压器水位缓慢上升，当上升至 80%时，保持水位。

(5) 反应堆冷却剂系统除气

① 用氮气置换容控箱氢气；

② 开大补给水阀，使容积控制箱水位上升；

③ 关小补给水阀，使容积控制箱水位下降，随水位下降氮气即补入；

④ 重复多次。并维持水位，取样分析确认。

(6) 闭锁安注

① 反应堆冷却剂系统压力降至 13.1 MPa 时，P-11 信号报警；

② 按 P-11 闭锁后发出安注闭锁信号，安注、给水、主蒸汽管道隔离信号和反应堆冷却剂低-低 $T_{avg}$ 等安注信号闭锁；

③ 反应堆冷却剂系统压力降至 12.26 MPa 时，专设安全设施不应动作；

④ 反应堆冷却剂系统的 $T_{avg}$ 降至低-低 $T_{avg}$ 时，确认汽轮机旁排阀闭锁；

⑤ 反应堆冷却剂系统压力降至 9.87 MPa 时，投入上充流量调节阀前孔板。

(7) 隔离高压安注箱

当反应堆冷却剂系统压力降至 6.8 MPa 时，关闭安注箱出口隔离阀，并断开其电源。

(8) 破坏冷凝器真空

(9) 增开下泄孔板

随着反应堆冷却剂系统压力下降，下泄流量也随着减小，为保证下泄流量，应增开下泄孔板。

(10) 余热排出系统取样分析硼浓度

① 反应堆冷却剂系统压力降至 4.93 MPa 时，对余热排出系统取样分析；

② 启动余热排出系统泵运转后再取样分析硼浓度。

(11) 投入余热排出系统

① 反应堆冷却剂系统压力降至 3.45 MPa 时，打开余热排出系统泵入口阀；

② 当余热排出系统预热后，缓慢开启余热排出系统热交换器出口阀；

③ 开启余热排出系统冷段隔离阀并将余热排出系统投入运行。

(12) 投入低压下泄

① 解除下泄背压控制阀自动；

② 打开已停止回路的下泄节流阀；

③ 关闭运行回路的低压下泄节流阀；

④ 使下泄流量恢复原值并投入“自动”。

(13) 隔离主蒸汽

① 关闭汽轮机旁排阀；

注意：同时开大余热排出系统热交换器出口阀，维持 $T_{avg}$ 在 180 ℃。

② 关闭主蒸汽隔离阀。

(14) 投入低压保护

当反应堆冷却剂系统的 $T_{avg}$低于 180 ℃时，将稳压器卸压阀压力保护开关投入。

(15) 二回路系统保养

① 停止蒸汽发生器排污；

② 提高蒸汽发生器水位至 100％；

③ 停止向除氧器供汽；

④ 向蒸汽发生器内充氮。

(16) 稳压器充满水

① 稳压器向容积控制箱排气；

② 减少下泄使稳压器水位上升并维持反应堆冷却剂系统压力在 2.96 MPa。当稳压器满水后应立即减少上充流量并维持反应堆冷却剂系统压力；

③ 用余热排出系统进行反应堆冷却剂系统降温；

④ 停止一台反应堆冷却剂泵。

注意：当已停止环路与运行环路温差超过规范时，应启动已停止环路的反应堆冷却剂泵。

(17) 安注系统、喷淋系统退出

① 反应堆冷却剂系统的 $T_{avg}$下降至 120 ℃以下时，可开始稳压器喷淋阀加速冷却稳压器；

② 反应堆冷却剂系统的 $T_{avg}$下降至 93 ℃时，退出备用安注和喷淋系统。

(18) 停止二回路其他辅机

① 停止凝升泵、凝水泵；

② 停止循环水泵；

③ 其他。

(19) 安全壳换气

反应堆冷却剂系统的 $T_{avg}$低于 93 ℃时，对安全壳开始换气。

(20) 停止最后一台反应堆冷却剂泵

当反应堆冷却剂系统的 $T_{avg}$达 70 ℃以下，且稳压器与反应堆冷却剂系统的温度基本相同时，停止最后一台反应堆冷却泵。

(21) 反应堆冷却剂系统降压

① 缓慢降低下泄背压阀设定值，使反应堆冷却剂系统压力下降；

② 当压力降至 0.686 MPa 时关闭反应堆冷却剂泵轴封水；

③ 反应堆冷却剂系统压力降至 0.34 MPa 时，调整上充、下泄流将反应堆冷却剂系统压力维持在此值下。

(22) 确认已处于冷停堆模式

① 反应堆冷却剂系统温度低于 60 ℃；

② 反应堆冷却剂系统压力由上充、下泄系统维持压力在 0.345 MPa 左右；

③ 一台上充泵、一台余热排出泵在运行；

④ 一台设备冷却水泵和一台重要冷却水泵在运行；

⑤ 反应堆冷却剂系统硼浓度为冷停堆无氙、无毒的硼浓度，其停堆深度大于 4％$\Delta k/k$。

(23) 安全壳完整性解除

应该说明一点，如果强制循环丧失，则利用自然循环控制温度和压力。如果反应堆冷却剂系统被维持在过冷状态，自然循环是核电厂温度控制的一种有效方法。然而，由于在自然循环期间，低流量率和一个或两个环路不可工作的可能性，必须仔细地操作反应堆冷却剂系统，以防产生不希望的热梯度、汽腔和不均匀的反应堆冷却剂系统的化学药品分布。不正常的稳压器水位特性即稳压器水位增加快于辅助喷淋的速率或容积变化大于水的添加量表示在其他地方可能已形成汽腔，例如蒸汽发生器型传热管、反应堆压力容器封头或不工作的反应堆冷却剂环路等，以致会影响甚至中止已建立起来的自然循环。维持一定的冷却速率和遵守一定的注意事项能够防止这些不希望的现象产生。在自然循环运行情况下，应尽快地恢复一台或更多的反应堆冷却剂泵运行，重新转入强制循环。

## 复习思考题

1. 简述核电厂反应堆趋近临界的基本原理。
2. 为什么压水堆核电厂选取中间量程 $1\times10^{-8}$ A 值为标准临界点？
3. 核电厂按规程启动达到临界点时，应该记录哪些重要运行参数？为什么？
4. 如何进行临界条件估算 ECC？
5. 为什么要在不同功率水平下进行热平衡计算？如何计算？
6. 试定性分析几种情况下快速降负荷的瞬变过程中核电厂主要运行参数随时间的变化。

# 第四章　核电厂异常运行

## 4.1　总　述

核电厂由于系统、设备、部件繁多，运行中出现各种异常现象是屡见不鲜的，这种异常现象或事件在最坏的情况下，往往会导致停堆、停机。因此，操纵员若遇到异常现象时，应遵照异常规程处理，使核电厂尽快返回到正常运行工况。限于本书篇幅，不可能详尽地介绍，甚至也不可能全面介绍诸多中等频率的异常现象，诸如：

- 控制棒组从次临界状态失控抽出
- 控制棒束在功率运行情况下失控抽出
- 控制棒束掉落堆芯
- 硼酸失控稀释
- 化容系统故障
- 反应堆冷却剂强迫流量部分丧失
- 失去外部电力负荷和/或汽轮机保护停机
- 失去正常给水
- 向辅助设备供电的厂外电源
- 由于给水系统异常而过量的热排除
- 过大的负荷异常增加
- 反应堆冷却剂系统异常降压
- 主蒸汽系统降压
- 在功率运行时应急堆芯冷却系统意外启动等

这里只能选择其中有代表性的异常现象进行简单介绍。

(1) 异常运行规程

在美国西屋公司设计的核电厂中，虽然异常运行规程数目多少有别，但重要的内容都包括在内，例如，棒控系统的故障、应急加硼、给水流量不充足、丧失设备冷却水、二回路甩负荷、反应堆冷却剂系统泄漏、反应堆冷却剂泵异常、反应堆冷却剂系统压力异常等。

每个异常运行规程中包括简介、现象、立即动作及后续动作等几个部分。

为了更好地表述故障，尽量附加以相应关联的瞬变过程。这可以使读者能更具体地、深刻地了解核电厂处在异常工况下电厂重要运行参数的曲线。这些瞬变过程都是取自不同核电厂或其全范围模拟机的，因此，图中给出的曲线都具有相当的可信度。

(2) 报警手册

每个核电厂主控室里除了有完整的异常运行规程外，还备有一套报警手册。报警信号的设置是为了保证核电厂安全运行所采取的一种措施。一旦核电厂重要运行参数偏离了正常值，或某些设备部件失效，就会出现相应的音响和显示牌报警，清楚地显示在主控室控制盘上，以便操纵员能及时发现异常，采取措施予以消除，从而确保核电厂安全运行。报警信号一旦发生后，操纵员应该采取的动作为：

① 消除音响，并使报警指示灯由快闪变为不闪，确定报警的存在；

② 由于报警信号数量太多(500～600个)，每一个报警信号，又可能由几种原因引起，操纵员必须通过相应的仪表指示，借助报警手册及自身知识与经验，正确判断报警的可能起因及限值。当两个或两个以上的报警同时发生时，还要分清主次综合考虑。总之，操纵员必须根据报警手册迅速作出判断，并采取相应的措施；

③ 进行人为操作，消除异常工况。

有些报警不需要人为干预，有些则需要。操纵员应在分析的基础上，采取诸如"开启或关闭某些阀门，指派有关人员检修设备，切换管解路，过滤等措施"来消除报警恢复正常运行。

报警手册中是以每个报警信号为单位，独立成篇。一般讲，每篇都包括警报信号名称、警报来源、定值点、复位点、立即动作、后续动作等。当然，每个核电厂的报警手册也可能各有差异，但大体是相同的。

通过这一节的讨论，对核电厂的异常运行工况，可有更深入的了解。

## 4.2 棒控系统故障

### 4.2.1 在功率运行时控制棒组连续上提

**简介**

一组控制棒上提可能是由控制系统故障引起的，也可能是由化容系统或安全注射系统发生故障，导致向反应堆冷却剂里连续加硼而引起的。如果任其发展，在反应堆保护系统达到定值点时会导致反应堆紧急停堆。(注：如果反应堆处于自动控制，连续向反应堆冷却剂系统加入浓硼酸溶液会导致控制棒上提。)

**现象**

下列现象中的任一个均可表明一组棒的连续上提

① 停棒指示；

② $T_{avg}-T_{ref}$ 偏差增大；

③ 棒位计数器指示的棒位移不合逻辑；

④ $T_{avg}$、$T_{ref}$ 增加和/或 $T_{avg}$ 高报警；

⑤ 汽轮机负荷不变而反应堆功率却在增加；

⑥ 稳压器液位增加和/或稳压器高液位报警；

⑦ 稳压器压力增加和/或稳压器高压力报警。

**动作**

自动动作

① 一组控制棒连续上提时，可能会由下列原因引起反应堆紧急停堆：

功率量程高中子注量率(高定值)；

超温温差 $\Delta T_{OT}$；

超功率温差 $\Delta T_{OP}$。

② 若反应堆没出现紧急停堆，则可能出现下列一个或几个自动动作：

稳压器喷淋投入和/或卸压阀开启；

$\Delta T_{OT}$提棒停止，同时汽轮机自动快速减负荷(C－3)；

$\Delta T_{OP}$提棒停止，同时汽轮机自动快速减负荷(C－3)；

功率量程高中子注量率提棒停止。

立即动作

① 切除汽轮机“负荷控制”；

② 棒控由自动转向手动；

③ 手动下插控制棒组，以恢复平衡温度条件；

④ 检查化容系统、硼热再生系统和安注系统是否正常；

⑤ 如果棒控转向手动仍然无效，则立即手动停堆。

后续动作

① 手动维持核电厂功率；

② 若紧急停堆则将电厂运行在热备用模式。

为了更好地了解该异常现象，下面给出控制棒组连续上提时的瞬变曲线。图 4-2-1 展示了核电厂运行在额定功率下的重要运行参数如稳压器水位、稳压器压力、控制棒棒位、核功率、发电机负荷、平均温度与参考温度、上充流量、蒸汽排放量、蒸汽流量、给水流量、蒸汽发生器水位、蒸汽压力等随时间的变化趋势。

表 4-2-1 给出了在 50%功率下控制棒组连续上提的初始条件。

**表 4-2-1　在 50%功率下控制棒组连续上提**

| | | |
|---|---|---|
| 初始条件 | 燃耗 | 寿期初(BOL) |
| | 平均温度 $T_{avg}$ | 294 ℃ |
| | 反应堆冷却剂系统(RCS)压力 | 15.4 MPa |
| | 反应堆功率 | 50% |
| | 其他 | D 组棒开始在 66 步，在瞬态期间，允许有足够的裕量使控制棒移动，单台主给水泵运行 |

## 4.2.2　控制棒束掉落堆芯

**简介**

控制棒束掉落堆芯可能是由于一个或几个控制棒驱动机构发生了故障。当核电厂处于功率运行模式时，反应堆保护系统会表现出核电厂的工况异常，并可能触发反应堆紧急停堆，至于是否停堆则取决于掉落控制棒组的位置。

**现象**

下列现象中的任何一个均可表明掉棒：

① 功率量程高中子注量率变化率；

② 四个功率量程核仪表通道中的任一个给出功率量程高中子注量率报警；

③ 单束棒棒位指示器到底灯亮并报警；

④ 功率量程核仪表中子注量率倾斜；

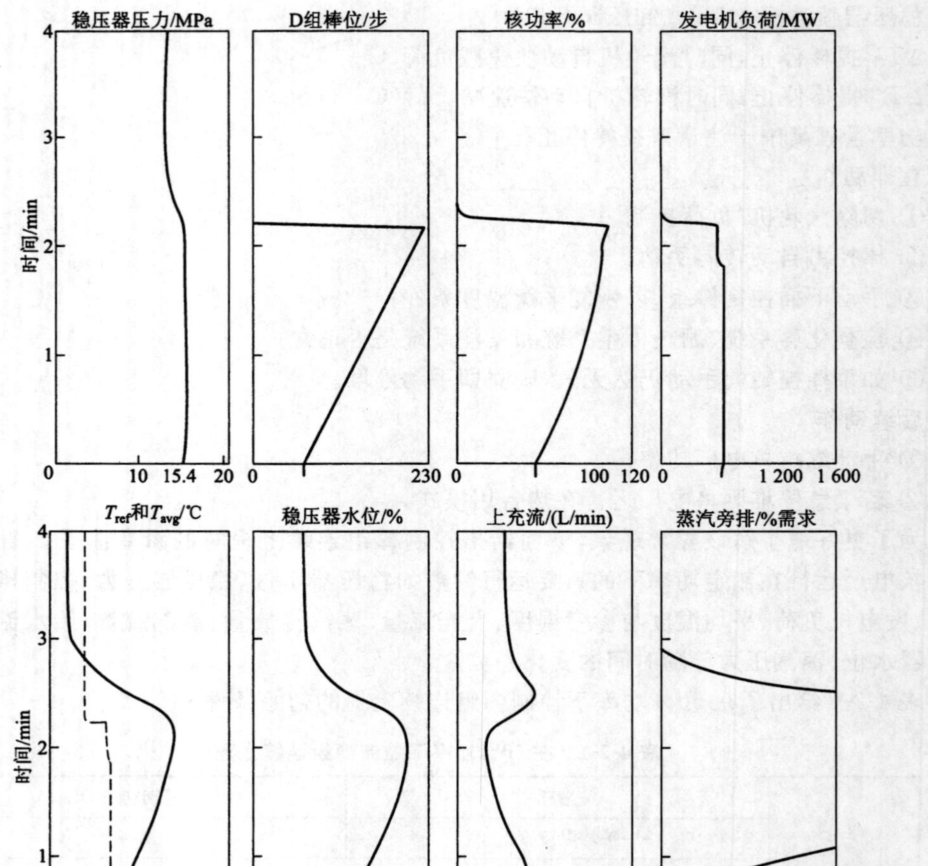


图 4-2-1 50%功率下控制棒连续上提

⑤ $T_{avg}-T_{ref}$偏差过大；

⑥ 反应堆冷却剂 $T_{avg}$下降；

⑦ 若棒控处于自动，则自动控制棒组迅速提升。

**动作**

自动动作

① 若棒控处于自动，且温度下降值超过了棒控制死区，则自动控制棒组将被提起，建立 $T_{avg}-T_{ref}$平衡工况。

立即动作

① 若紧急停堆、汽轮机停机，则执行应急指令或 EPP－0；

② 切除汽轮机“负荷控制”；

③ 棒控转为手动；

④ 如果表明有两束或两束以上控制棒束掉落堆芯，则执行正常停堆规程，将反应堆置于热备用模式；

⑤ 若只有一束控制棒掉落，且它不属于控制棒组，则手动降低汽轮机负荷，使每个通道功率均不超过 100%；

⑥ 若掉落的棒束属于控制组，则手动降低汽轮机负荷，以使 $T_{avg}$与 $T_{ref}$符合；

⑦ 连续监视核仪表和平均温度仪表，并维持工况的稳定。

注：某一棒组的提出会使其他棒组下降，甚至导致功率倾斜，因此在掉棒被恢复之前，任何提棒操作都必须按规程操作。

后续动作

注意：技术规范要求，若棒不可操作，须在一小时以内采取措施。

① 在维修人员的配合下，操纵员按下列步骤提起掉落的控制棒：

若掉落的棒属于控制组，则打开该棒的提升线圈断路开关（位于主控制盘的背面）。

手动降低汽轮机负荷到 70%满功率，并手动将控制棒组置于适当的位置，以维持程控的 $T_{avg}$（可能需要将棒组选择开关转向需要控制的棒组位置）。

注：如果故障发生在控制组相应的电源柜内，则该控制组不能移动，这时需要手动加硼，以降低平均温度，来维持平均温度与参考温度相近。

• 闭合掉落堆芯的棒束的提升线圈开关；

• 打开受影响棒组内所有未掉落的棒束的提升线圈开关，并在棒组选择器上选择该受影响的棒组；

• 记录受影响的棒分组位置（计步器读数）打开计步器窗口，转动该受影响的棒分组计数轮置零，然后关上计步器窗口；

• 试着手动提升掉落堆芯的控制棒束，同时使汽轮机负荷自动按线性规律增加，维持程控的 $T_{avg}$；

注意：不要让任何功率量程通道超过 100%额定功率。

• 如果能成功，则将该棒束提到原记录的记数器位置，如不成功，参见相应技术规范；

• 闭合原被断开的提升线圈开关，并恢复正常运行；

• 如果掉落的棒束发生在 A，B，C 或 D 组，则重置控制棒组的变换器。

② 重置功率量程高中子注量率报警。

③ 检验象限功率倾斜比和CAOC在限值之内。

掉棒的运行实例见图4-2-2。

表4-2-2给出了在100％满功率情况下控制棒掉落堆芯的初始条件。

**表4-2-2 在100％功率下控制棒束掉落**

| | | |
|---|---|---|
| 初始条件 | 燃耗 | 寿期初(BOL) |
| | 平均温度 $T_{avg}$ | 303 ℃ |
| | 反应堆冷却剂系统(RCS)压力 | 15.4 MPa |
| | 反应堆功率 | 100％满功率 |
| | 其他 | |

## 4.2.3 应急加硼

**简介**

① 在正常控制方法无法使用或无法满足要求的异常情况下，用应急加硼方式向反应堆引入负反应性，这需要使用上充泵将硼酸迅速地注入反应堆冷却剂系统见图4-2-3。向上充泵吸入口输送硼酸有下列四个途径：

a. 常规通道：通过阀门A经由硼酸混合器和阀门B；

b. 经由阀门C通向上充泵吸入口；

c. 从换料水贮存箱来，经由阀门D或阀门E；

注：当容积控制水箱液位低时，阀门D和阀门E将自动打开。

d. 经由阀门A和阀门F进入容积控制箱顶部。

注：利用此途径时，从硼酸添加到产生效果将有延时。

② 上充泵向反应堆冷却剂系统输送硼酸有四个途径，按优先选用顺序，这四个途径分别为：

a. 经由阀门通向环路2冷段的常规上充管道；

b. 经由阀门通向环路1冷段的备用上充管道；

c. 通向反应堆冷却剂泵的密封水供水管道；

d. 通过阀门通向稳压器辅助喷淋的上充管道。

**现象**

下列情况中的任一种都需要应急加硼

① 下列指示表明的控制棒插入过深：

棒组计步器指示，棒组位置低于其插入极限；

棒位指示器指示，棒组位置低于其插入极限；

插入极限报警(低-低定值)。

② 在反应堆紧急停堆后，反应堆冷却剂降温速度失控，现象如下：

低平均温度报警；

$T_h$ 或 $T_c$(宽量程)下降，同时 $T_{avg}$ 已低于仪表量程；

稳压器液位和/或压力下降；

蒸汽压力下降。

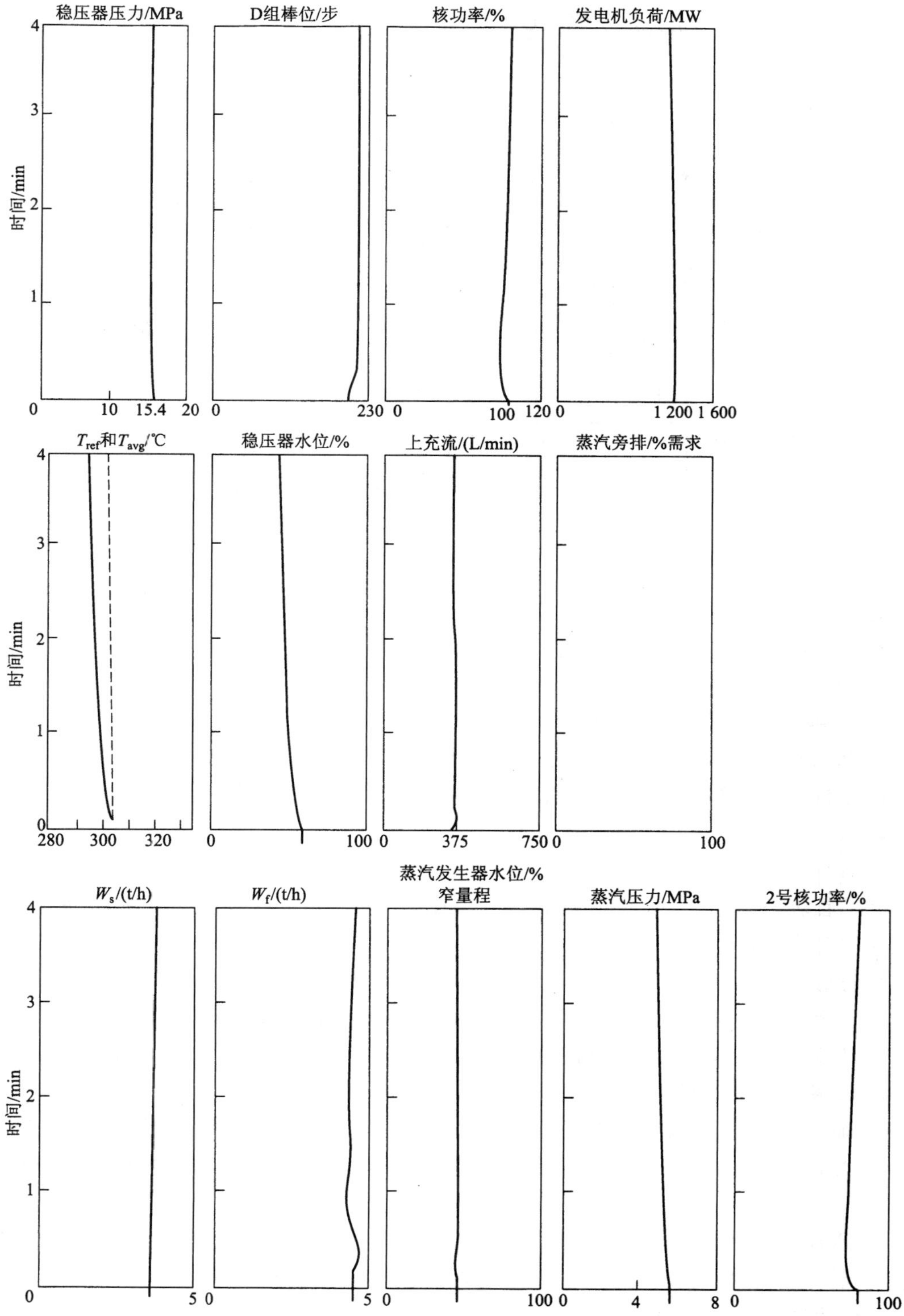


图 4-2-2　在 100%满功率下，控制棒束掉落堆芯

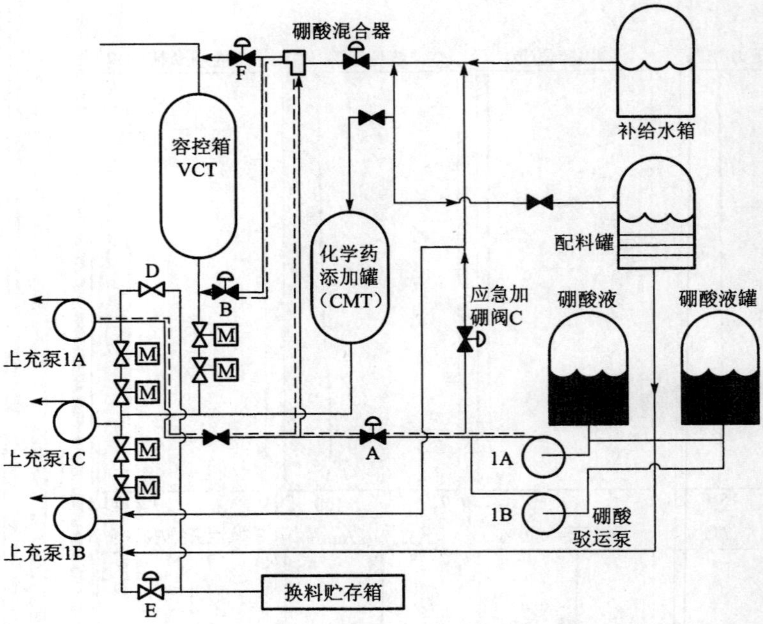


图 4-2-3 应急加硼方式

③ 不可解释或不可控制的反应性增加，其现象如下：

控制棒异常下插；

温度或核功率上升；

紧急停堆后，中子注量率或中子计数率上升。

④ 紧急停堆后，两束或两束以上的棒位指示器未能指示棒组已下插到底(如棒束位指示器没有能指示出棒束在最底部，则认为该棒束没有完全到底部)。

**动作**

自动动作

除了启动安全注射的那些瞬态过程外，只有容积控制箱低-低液位引起的应急加硼，没有其他的自动加硼动作。

手动动作

① 选择最合适的可以向上充泵入口和反应堆冷却剂系统 RCS 输送硼酸的通道。

a. 若低-低插入限值报警定值已被超过，则启动一台硼酸泵，并打开应急阀门 C；

b. 如果使用换料水贮存箱，则打开阀门 D 和 E。

② 确认硼酸流已经由所选的通道流向上充泵入口。必要时可使简介①中第 d 条途径。

注：增加一台上充泵或打开一个下泄孔板可以减少硼酸液向反应堆冷却剂系统输送的时间。

③ 若有必要，将反应堆控制由自动转为手动，并按需要操纵控制棒，重新建立正常的 $T_{avg}$，并且/或者在加硼的同时提升控制棒组，以消除插入极限低报警。

后续动作

① 按照重新建立反应堆安全工况的需要继续加硼。

② 对于反应堆冷却剂体积减小的情况，必要时需增加上充泵流量，以防止稳压器液位过低，触发下泄阀自动关闭。

注：如果下泄阀门自动关闭，则在开启孔板隔离阀之前应先打开下泄阀门，以防下泄管道安全阀误开。

③ 若核实阀门 D 和 E 是关闭的，则需要核实它们已被打开，才能将上充泵的吸入口与容积控制箱相连。

④ 当反应堆冷却剂系统的硼浓度达到要求时，关闭加浓硼酸路径，并通过混合器提供补给。

⑤ 冲洗所有加浓硼酸的管线。

⑥ 若有必要，向硼酸箱内补充硼酸。

## 4.3 冷却剂系统的异常变化

### 4.3.1 冷却剂系统的泄漏

**简介**

根据压力边界的完整性，或在泄漏率超过 3.79 L/min，且不能识别泄漏源的情况下，反应堆冷却剂系统的泄漏是不能容许的。如果泄漏源已经确定，且泄漏率不超过 3.79 L/min，在有电厂运行顾问或高级管理负责人批准的情况下，电厂运行是许可的。如实际可能，应采取措施减小泄漏。电厂装备有许多检测反应堆冷却剂泄漏的手段。这包括空气粒子和气体监测器、湿度探测器、能检测向安全壳空间泄漏的冷凝水测量系统和装在设备冷却水系统、蒸汽发生器排污，冷凝器空气喷射器抽气及从加热通风空调（HVAC）机组冷却管返回的厂用水，以监测漏向这些系统的放射性监测器。如果从一回路系统到这些封闭系统有泄漏时，该系统放射性监测器和/或系统的贮水量会指示出有泄漏。按日检查常规运行，值班人员要对依据一回路系统贮水量的一回路系统泄漏率进行检查。

关于反应堆冷却剂系统泄漏，在核电厂技术规格书中有专门的技术规范给出较详细且具体的规定。

**现象**

① 从反应堆冷却剂系统到安全壳的明显泄漏是可以由安全壳放射性监测器探测的。这种泄漏能导致空气活化。粗（毛）泄漏可以由补给水贮量的变化确定。向安全壳空间的泄漏可由凝水收集系统或湿度探测系统监测。向安全壳的泄漏率可以由冷凝测量系统确定。向封闭系统的泄漏由系统放射性监测器或系统贮水量监测。

② 向安全壳空间的泄漏，可由如下指示发现：

- 空气粒子监测器
- 放射性气体监测器
- 加热通风空调（HVAC）冷凝收集系统
- 露点（dew point）记录仪指示
- 安全壳温度/压力
- 安全壳区域放射性监测器

- 安全壳地坑泵运行
- 从加热通风空调机组放射性监测器返回的厂用水
- 安全壳地坑水位指示
- 过量反应堆冷却剂系统补给系统运行

③ 向封闭系统的泄漏：

- 反应堆冷却剂疏水箱温度/压力/水位
- 稳压器卸压箱温度/压力/水位
- 反应堆压力容器法兰泄漏检测系统
- 稳压器卸压阀温度指示
- 稳压器安全阀温度指示
- 设备冷却水放射性监测器
- 过量反应堆冷却剂系统补给系统运行

④ 向辅助厂房的泄漏：

- 过量反应堆冷却剂系统补给系统运行
- 辅助厂房设备疏水箱水位
- 手提式空气放射性监测器

⑤ 一回路向二回路的泄漏：

- 蒸汽发生器排污放射性监测器
- 冷凝器真空泵抽气放射性监测器
- 实验室分析
- 过量反应堆冷却剂系统补给系统运行

⑥ 如果粒子监测器指示增长一倍，当在这些系统中任何一种参数的漂移或偏离都会指示出已知泄漏率的变化，立即进行一回路泄漏率的测试。如果测试结果表明泄漏率大于3.79 L/min，并不能确定泄漏源，则将按 AOP 中关于反应堆冷却剂系统泄漏规程有关部分进行处理。继续按小时间隔进行泄漏率试验，直至能改正或能解释此工况为止。

**动作**

立即动作

① 如果泄漏超过反应堆冷却剂系统补给能力，则遵从应急运行规程 EOP；

② 确定泄漏率和泄漏源；

③ 如果是压力边界泄漏，则将核电厂停闭至热备用工况（遵照技术规范）；

④ 在不可辨识的泄漏率大于 3.79 L/min 情况下：

- 力图辨识泄漏
- 如果在 4 h 内不能辨识泄漏，则将核电厂停闭至热备用工况（遵照技术规范）

⑤ 在可辨识泄漏率大于 3.79 L/min 情况下：

- 力图减小泄漏率使其小于 3.79 L/min
- 如果在 4 h 内不能将泄漏率减小到 3.79 L/min，则将核电厂转到热备用模式（遵照技术规范）

⑥ 如一回路向二回路的泄漏率大于 1 892.7 L/d，则在 4 h 内将核电厂转到热备用模式（遵照技术规范）。

后续动作

① 按小时间隔进行泄漏率试验,直至能改正或解释这种工况为止;

② 当泄漏率大于 3.79 L/min,如果放射性水平允许,每运行值的值长或其代表进行安全壳的可视检测;

③ 到安全壳的泄漏率可由冷凝测量系统来确定。这种测量不能被作为一回路系统泄漏率的测量,除非反应堆安全壳的可视检测证实了泄漏不是来自二回路系统;

④ 对于其他的停闭要求需参考相应的技术规范。

下面举一个在 100%功率运行下稳压器卸压阀(PORV)泄漏的例子来看一下核电厂主要参数的瞬变,见图 4-3-1。

## 4.3.2 反应堆冷却剂压力异常

核电厂运行时,反应堆冷却剂系统(RCS)压力通常都是自动控制的。反应堆冷却剂系统压力控制故障,在稳态工况下,能够导致压力超出正常运行范围在瞬态工况下,能够引起系统压力的不稳定性。

这个异常运行规程包括两部分:其一,处理反应堆冷却剂系统(RCS)压力高的故障;其二,处理反应堆冷却剂系统(RCS)压力低的故障。

### 4.3.2.1 反应堆冷却剂系统(RCS)压力高

**简介**

① 必须避免系统压力高以减小反应堆冷却剂系统完整性的变化,并避免三台稳压器安全阀在压力升至其保护定值点(17.1 MPa)而动作;

② 如果稳压器安全阀开启后没有很好地回座,则这些阀门的动作会引起反应堆冷却剂系统的冷却剂的损失。

**现象**

① 稳压器高压力保护报警;

② 主控盘指示器上出现高压力指示;

③ 稳压器卸压管线高温报警;

④ 稳压器卸压箱/高低水位或高压力/温度报警;

⑤ 稳压器安全阀高温指示;

⑥ 稳压器卸压阀安全阀开启;

⑦ 稳压器高压力引起反应堆紧急停闭。

**动作**

自动动作

① 稳压器卸压阀动作(定值点 16.1 MPa);

② 稳压器高压力反应堆紧急停堆(定值点 16.4 MPa);

③ 稳压器安全阀动作(定值点 17.1 MPa)。

立即动作

① 如果反应堆停闭,应遵从相应的 EOP;

② 不进行任何不必要的反应堆功率水平变化;

③ 如果稳压器的电加热器没有自动切除,则手动切除稳压器的电加热器;

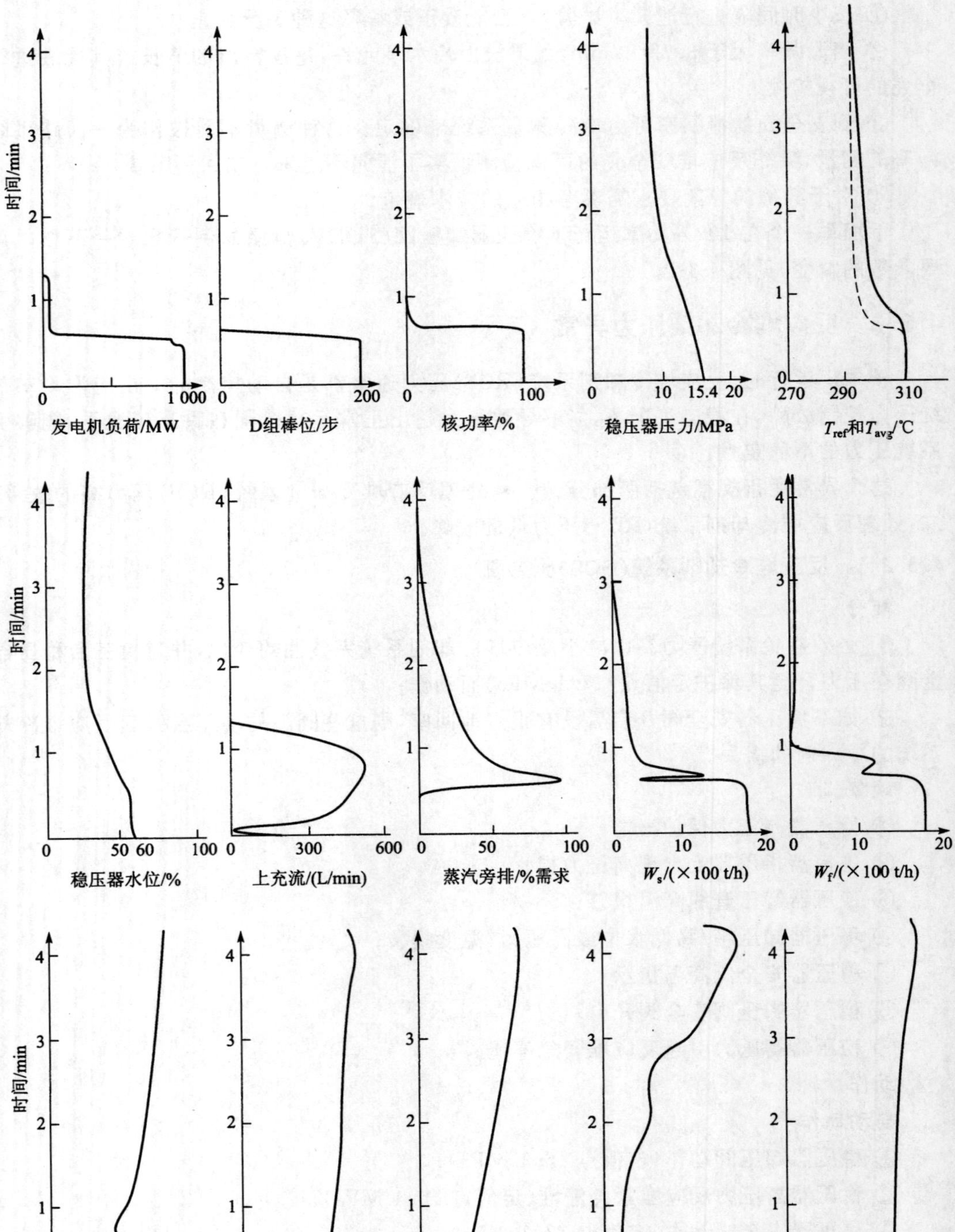


图 4-3-1 100%功率下稳压器卸压阀泄漏

④ 如果稳压器喷淋控制处于自动，且喷淋不能启动，则将喷淋，控制切换到手动，并调节喷淋以降低压力；

⑤ 如果需要时，应用辅助喷淋，且稳压器和上充管线的温差 $\Delta T$ 应小于一定值（如177.8 ℃）；

⑥ 观察稳压器水位，如果水位高时则降低之；

⑦ 如果稳压器压力控制器故障，则手动操作控制器或采取手动控制稳压器喷淋和电加热器；

⑧ 如果稳压器的卸压阀开启，当反应堆冷却剂系统（RCS）压力下降到其自动关闭定值点时，应确保卸压阀关闭。如果该阀门仍处于开启位置，则应手动关闭这些阀门和/或其相应的截止阀。

后续动作

① 观测并按需要进行检修以消除反应堆冷却剂系统压力高的原因；

② 操纵员严密监视核电厂可维持运行在反应堆冷却剂系统压力手动控制情况下，直至所需要的检修完成为止。

#### 4.3.2.2 反应堆冷却剂系统（RCS）压力低

**简介**

① 必须避免反应堆冷却剂系统压力低，以确保偏离泡核沸腾（DNB）限制不变，并防止在反应堆冷却剂系统里有气泡形成。这种工况不能影响堆芯冷却能力，特别在自然循环工况下。

② 反应堆冷却剂系统压力低也可能是反应堆冷却剂丧失的结果。如果其他指示表现出反应堆冷却剂系统的冷却剂装量在丧失，则涉及 4.3.1 节讨论的反应堆冷却剂系统泄漏故障 AOP 和/或相应的 EOP。

**现象**

① 稳压器低压力保护报警；

② 主控盘指示器上出现低压力指示；

③ 稳压器压力控制输出高指示（故障高）；

④ 稳压器卸压阀指示开启和/或稳压器安全阀开启；

⑤ 稳压器卸压管线高温指示和/或报警；

⑥ 稳压器卸压箱高/低水位或高压力/温度报警；

⑦ 稳压器低压力反应堆紧急停闭；

⑧ 超温温差 $\Delta T_{OT}$ 汽轮机自动快速降负荷或反应堆紧急停堆。

**动作**

自动动作

① 稳压器低压力反应堆停堆（定值点 12.7 MPa）；

② 稳压器低压力引起安注（定值点 11.8 MPa）。

立即动作

① 如果安注和/或反应堆停堆发生，则遵从 EOP；

② 不进行任何不必要的反应堆功率水平变化；

③ 保证稳压器卸压阀不能开启，如果这些阀门在其自动关闭定值点之下仍处于开启状

态，则手动关闭阀门和/或其相应的截止阀；

④ 观察稳压器水位，如果发现水位低，则应增大；

⑤ 如果稳压器的电加热器没有投入，则应投入。如果电加热器指示已“通”，则应检查单个电加热器的断路器；如果水位太低，则不能投入，否则会干烧；

⑥ 保证稳压器喷淋阀处于关闭；

⑦ 如果辅助喷淋阀是打开的，则应关闭相应阀门，关闭正常下泄和上充，并置过剩下泄于在役；

⑧ 如果稳压器压力控制器故障，则将控制器置于手动，或采取手动控制稳压器喷淋和电加热器；

⑨ 如果不能维持稳压器压力，并在一回路冷却剂系统里形成气泡的可能性大到足以影响到堆芯冷却能力时，则启动安注并遵从 EOP。

后续动作

① 观测并按需要进行检修以消除反应堆冷却剂系统压力低的原因；

② 如果电厂不需要停闭时，则电厂在操纵员的严密监视下可维持运行在反应堆冷却剂系统压力手动控制情况下，直至所需要的检修完成为止。

这里需要说明一点：一回路小失水事故（LOCA，如 RTD 管泄漏）核电厂的主要运行参数，如稳压器压力的下降，$\Delta T_{OT}$定值点的下降，低压力停堆（也可能是 $\Delta T_{OT}$保护停堆），低压力安注等都与前面所讨论的稳压器卸压阀泄漏的情况相似，不同之处在于后者稳压器卸压管线温度，卸压箱的温度、水位在改变，而小失水事故则会影响到安全壳的压力和安全壳内放射性水平。

（注：本节所用数据参考核电厂 Shearon Harris Unit 1 ）

## 4.4 仪控通道失效

**简介**

通道失效是核电厂运行中会遇到的一类实际问题。它主要是由仪控系统故障而造成的故障，其实原来核电厂运行是正常的，只是由于通道失效才表现出核电厂运行不正常。如果这类故障不排除，则故障将一直存在。在有些情况下，核电厂竟能在很短时间内停堆、停机，甚至可以引起专设安全设施（ESF）动作。因此，操纵员熟悉并掌握这样一些通道失效引起核电厂主要运行参数的瞬变过程，对核电厂的安全运行，确实非常重要。

应该指出以下讨论不同通道失效时，所给出的各种瞬变曲线，都是在操纵员没有干预下的情况。

### 4.4.1 一回路系统仪控通道失效

这部分包括稳压器压力通道、稳压器水位通道及电阻温度探测器（RTD）通道等。

#### 4.4.1.1 稳压器压力通道失效

稳压器是压水堆核电厂反应堆冷却剂系统的重要设备。为了进行对冷却剂系统的压力控制，必须在稳压器内维持汽-液两相平衡。在稳态运行工况下，稳压器维持了反应堆冷却剂系统所要求的工作压力在瞬态运行工况下，稳压器会将由于冷却剂膨胀和收缩而引起的压力变化限制在一个允许的范围内。通过稳压器压力通道的控制器，可以将稳压器压力维持在正常的工作压力值，如 15.4 MPa。当稳压器压力升高，其实际压力偏离控制器定值点，则会给出信号，使之在稳压器内产生喷淋，蒸汽凝结而降压，系统压力返回到正常工作压力值。如果稳压器压力上升很高，达到卸压阀定值点，阀门会自动开启，使蒸汽排放到卸压箱，稳压器不致超压。如果压力再高，安全阀动作以起保护作用。相反，稳压器压力低于定值点，则电加热器会自动投入，升高压力，使之返回到正常工作压力。

• 稳压器压力通道失效，高指示故障

首先应该说明在这种情况下，稳压器的实际工作压力是正常的，只是压力控制器失灵，显示出压力高指示故障。这样产生的稳压器压力高信号，必然导致稳压器喷淋，来降低稳压器的压力，以图将压力维持在正常运行值。可是，只要这个故障存在，就意味着控制器认为压力一直高于正常值，换句话说，喷淋一直持续而不会停止。这样，喷淋降压，而且一直下降着。由于压力下降，稳压器水位也会随之下降。另外，稳压器压力下降，降低了超温温差($\Delta T_{OT}$)的定值点，当达到其定值点后，会引起汽轮机自动快速降负荷(runback)，如果降至其保护定值点，还可能引起停堆。当然，如果压力下降至低压力保护定值点时，也会引起停堆(哪个信号先出现，先停堆)。停堆同时引起汽轮机停机。平均温度 $T_{avg}$ 与参考温度 $T_{ref}$ 都下降，稳压器水位也下降。蒸汽旁排需求达最大值时，通向冷凝器的旁排阀立即开启。最终，由于稳压器仍在喷淋，压力继续下降，直至其达到相应定值点而引起低压力专设安全设施(ESF)动作，安全注射投入。

这里还需要说明一点：此故障存在时，核电厂主要运行参数与前面所述的小失水事故、稳压器卸压阀泄漏故障变化相似，但明显不同之处在于稳压器压力控制器指示异常(明显偏离正常工作点)，此时稳压器的压力下降实属喷淋引起。特别应该指出的是此时不仅稳压器卸压管线温度及卸压箱温度、水位无变化，安全壳内压力、放射性水平也无变化。

表 4-4-1 给出了稳压器压力通道故障压力高指示的初始条件。

**表 4-4-1 稳压器压力通道高指示故障**

| | | |
|---|---|---|
| 初始条件 | 燃耗 | 寿期初(BOL) |
| | 平均温度 $T_{avg}$ | 303 ℃ |
| | 反应堆冷却剂系统(RCS)压力 | 15.4 MPa |
| | 反应堆功率 | 100%满功率 |
| | 其他 | 往复式上充泵运行 |

图 4-4-1 给出稳压器压力通道故障高的瞬变曲线。

始发事件：控制压力通道故障到 17.5 MPa。

瞬变要点说明

① 故障的压力通道引起卸压阀(PORV)快速开启，且稳压器水位指示上涨。当没有受影响的联锁压力通道低于 15.1 MPa 时，失效的卸压阀被关闭，当卸压阀快速关闭后，水位指示恢复至正常值。

② 稳压器水位随上充流量变化而变化，在此期间由 $T_{avg}$ 产生的参考水位不变。

③ 稳压器压力随最初的卸压阀和喷淋阀两者连续地开启而变化。

④ 汽轮机由 $\Delta T_{OT}$ 引起自动快速降负荷。

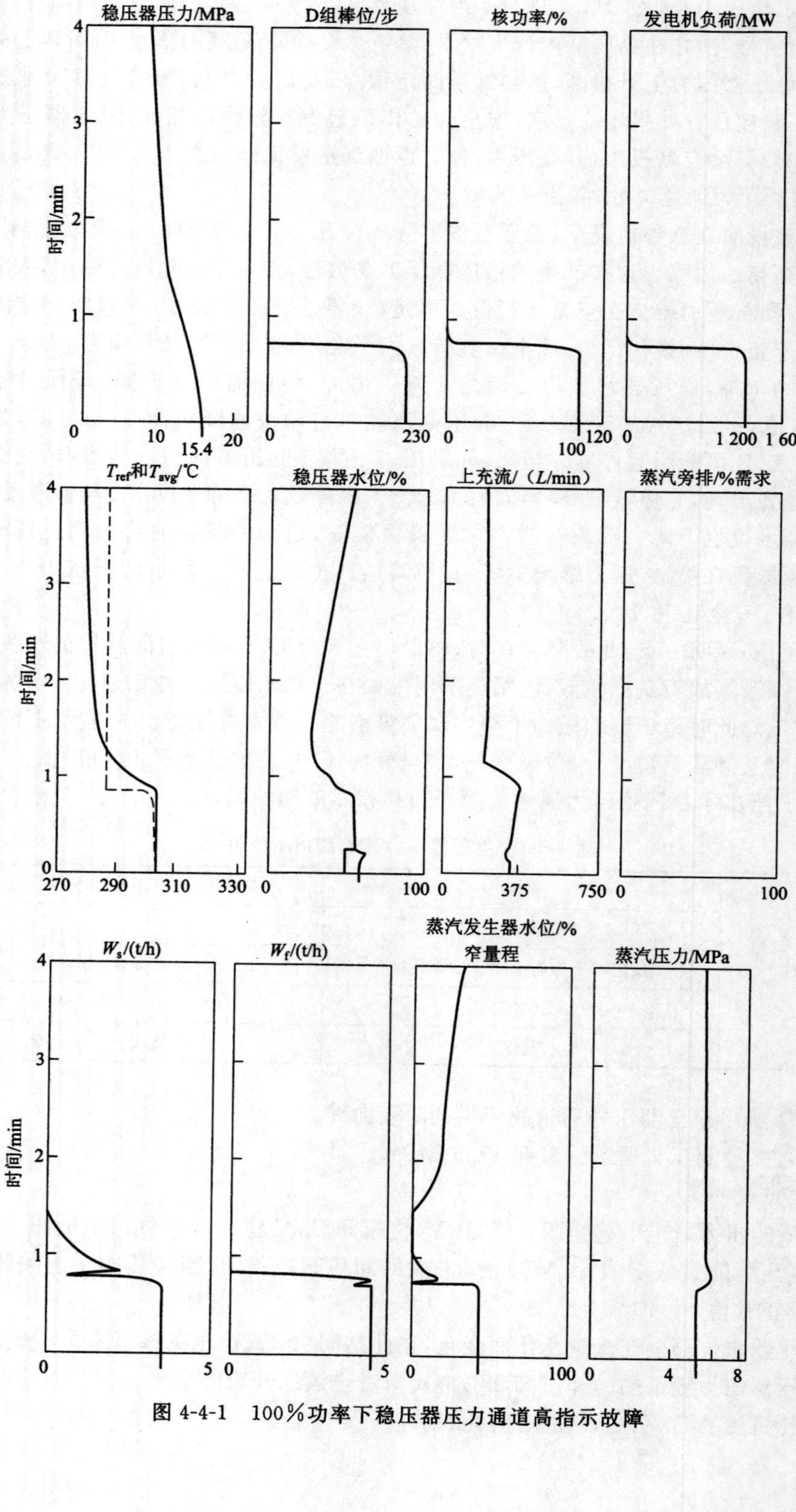


图 4-4-1 100％功率下稳压器压力通道高指示故障

⑤ 棒束跟随汽轮机自动快速降负荷(冲动级压力输入到功率失配和温度失配环节)向下插入堆芯。

⑥ 由稳压器低压力(12.58 MPa)引起紧急停堆。

注:为了试验目的,$\Delta T_{OT}$引起紧急停堆是能接受的。

⑦ 稳压器低压力启动专设安全设施。

⑧ 专设安全设施的动作信号引起正常上充管线隔离,它是上充流量下降的原因。为了维持反应堆冷却剂泵(RCP)轴封的最小上充流量,来自离心上充泵和往复式上充泵的最小上充流量在 182 L/min 时,使得泵运行不稳定。

⑨ 由于从离心式上充泵和往复式上充泵来的流量随着专设安全设施的启动,使得稳压器的水位连续上升。

- 稳压器压力通道失效,低指示故障

此故障与前者刚好相反,即稳压器的实际压力原来并不低,但由于控制通道失效而给出低压力信号,引起电加热器投入。如果此故障一直存在,必然导致稳压器压力持续上升。经过若干分钟后可达到稳压器卸压阀动作的定值点,使卸压阀开启。开启后稳压器压力下降,低于定值点后卸压阀回座,但因故障仍然存在,所以又在升压,致使卸压阀门再次开启,周而复始。只要故障存在,就会一直循环下去。稳压器的水位及上充流也会相应有些小变化。其他电厂参量基本维持不变。

表 4-4-2 给出了稳压器压力通道故障低的初始条件。

**表 4-4-2 稳压器压力通道低指示故障**

| | | |
|---|---|---|
| 初始条件 | 燃耗 | 寿期初(BOL) |
| | 平均温度 $T_{avg}$ | 303 ℃ |
| | 反应堆冷却剂系统(RCS)压力 | 15.4 MPa |
| | 反应堆功率 | 100%满功率 |
| | 其他 | 时间轴从 0~20 min,可以看到异常的影响。 |

图 4-4-2 给出了 100%功率下稳压器压力通道低指示故障的瞬变曲线。

瞬变要点说明

① 由于所有稳压器的电加热器都投入工作,稳压器压力(未受影响的通道)升高。因为所有喷淋控制通道被切除,它们不能对高压起作用。

② 卸压阀由非受影响的通道环节去限制压力升高。

注:稳压器水位和上充流对开启卸压阀的响应。

#### 4.4.1.2 稳压器水位通道失效

在反应堆冷却剂系统里,比较稳压器实际水位与参考水位(后者是平均温度 $T_{avg}$ 的函数),可得到一个水位控制器的输入信号。它可控制改变上充流量的大小以维持稳压器水位在相应功率的水位值,例如,满功率情况下,稳压器水位值为 60%(美 Sequoyah 核电厂)。

下面讨论一下稳压器水位通道失效,低指示故障。原先稳压器水位是正常的,但由于此故障的存在,所以上充流增至最大。稳压器水位增加是由于最大的上充流和下泄被隔离的结果。容积控制水箱(VCT)的水位由此而下降,后来容积控制水箱水位下降缓慢是由于补

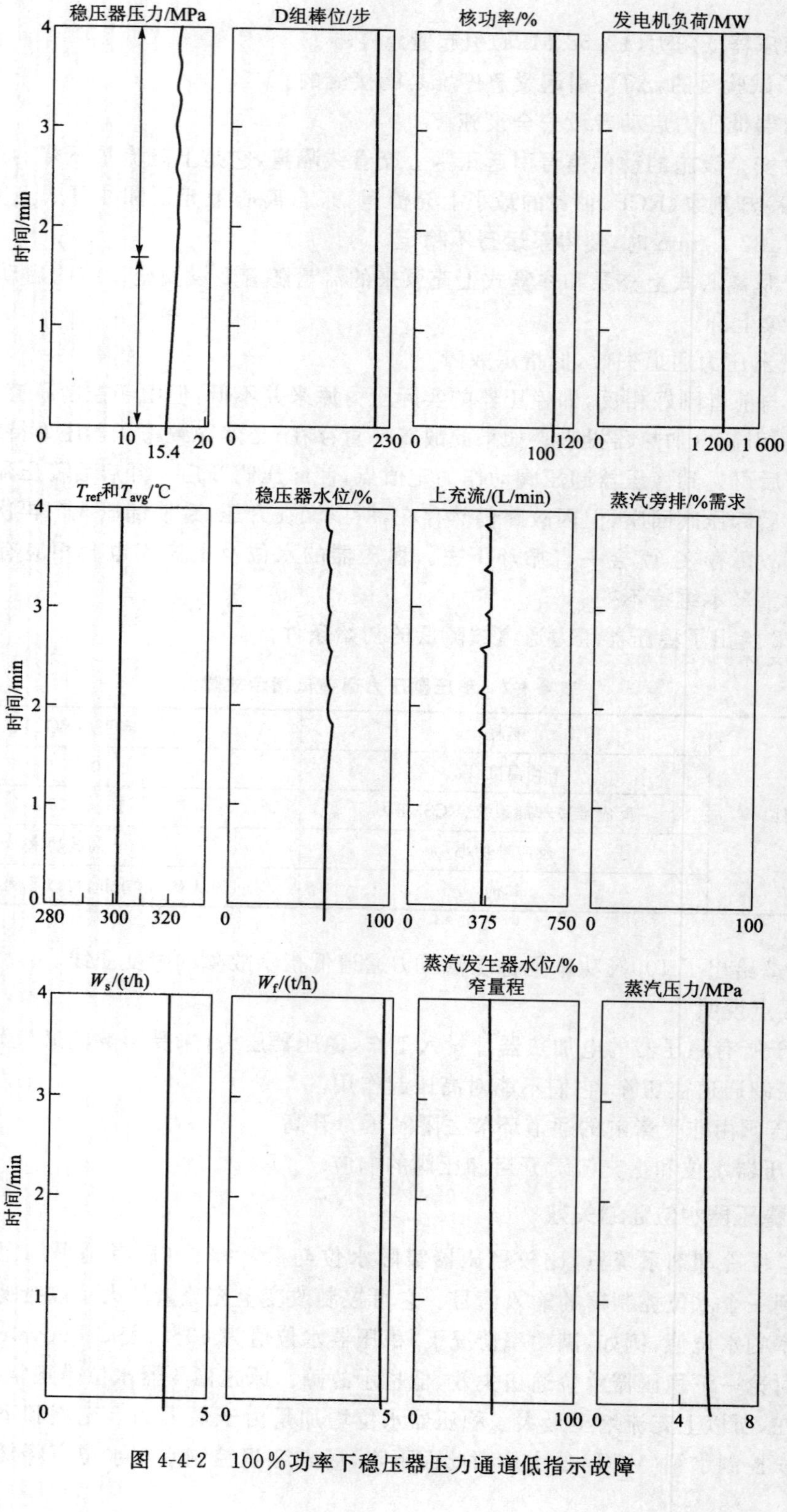


图 4-4-2 100%功率下稳压器压力通道低指示故障

水系统向容积控制水箱自动补水的缘故。当稳压器水位到达高水位保护定值点(如 92%,功率在 10%以上)时,引起了反应堆停堆,从而汽轮机停机。在停堆后,通向冷凝器的蒸汽旁排阀立即开启。停堆后平均温度 $T_{avg}$ 恢复及正排量泵(P.D. 泵)上充引起稳压器水位上升较快,后来缓慢些是由于上充引起水位的增加。在容积控制水箱隔离之后,容积控制水箱水位的恢复是来自换料水箱(RWST)。

图 4-4-3 给出了 100%功率下稳压器水位通道故障低瞬变曲线。

表 4-4-3 给出了稳压器水位通道失效的初始条件。

**表 4-4-3 稳压器水位通道失效**

| | | |
|---|---|---|
| 初始条件 | 燃耗 | 寿期初(BOL) |
| | 平均温度 $T_{avg}$ | 303 ℃ |
| | 反应堆冷却剂系统(RCS)压力 | 15.4 MPa |
| | 反应堆功率 | 100%满功率 |
| | 其他 | 往复式上充泵运行 |

始发事件:控制水位通道故障到零。

#### 4.4.1.3 电阻温度探测器(RTD)通道失效

电阻温度探测器通道失效故障也是一回路系统通道失效故障的一类。下面以冷段电阻温度探测器通道失效,高指示故障为例予以讨论。

由于这个通道失效,冷段温度 $T_c$ 出现高指示,从而 $T_{avg}$ 也增到最大。较大的 $T_{avg}-T_{ref}$ 偏差信号使控制棒迅速下插,从而核功率很快地下降。这将导致实际的 $T_{avg}$ 下降,稳压器的水位也随之下降,而汽轮机负荷并不改变。由于通道失效 $T_{avg}$ 的指示已高达 332 ℃,所以蒸汽旁排需求指示从一开始就达最大值,但通向冷凝器的阀门并没有打开。二回路蒸汽压力随着 $T_{avg}$ 下降而下降,这引起了汽轮机控制阀门(GV)全部打开,随之负荷下降。负荷的下降满足了蒸汽旁排开启的条件,故而开启,此时蒸汽流量 $W_s$ 有所增加。只要故障存在,实际的 $T_{avg}$ 就会连续下降并导致稳压器压力不断下降,一直到稳压器低压力停堆。压力继续下降,将引起专设安全设施动作。

图 4-4-4 给出了 100%功率下冷段 RTD 故障高的瞬变曲线。

表 4-4-4 给出了电阻温度探测器(RTD)通道失效的初始条件。

**表 4-4-4 电阻温度探测器(RTD)通道失效**

| | | |
|---|---|---|
| 初始条件 | 燃耗 | 寿期初(BOL) |
| | 平均温度 $T_{avg}$ | 303 ℃ |
| | 反应堆冷却剂系统(RCS)压力 | 15.4 MPa |
| | 反应堆功率 | 100%满功率 |
| | 其他 | 往复式上充泵运行 |

始发事件:冷段电阻温度探测器通道故障至 343 ℃。

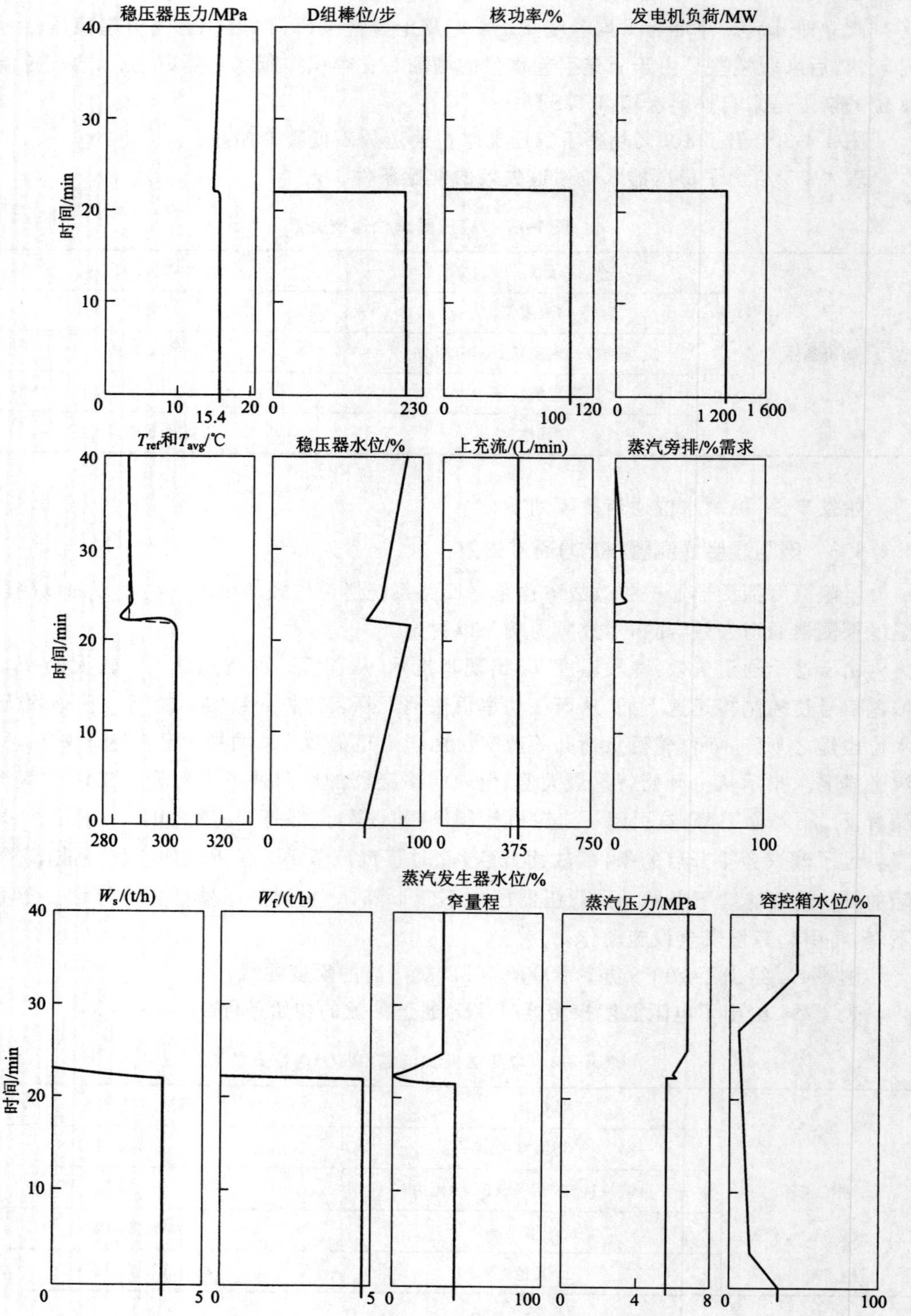


图 4-4-3 100%功率下稳压器水位通道故障低

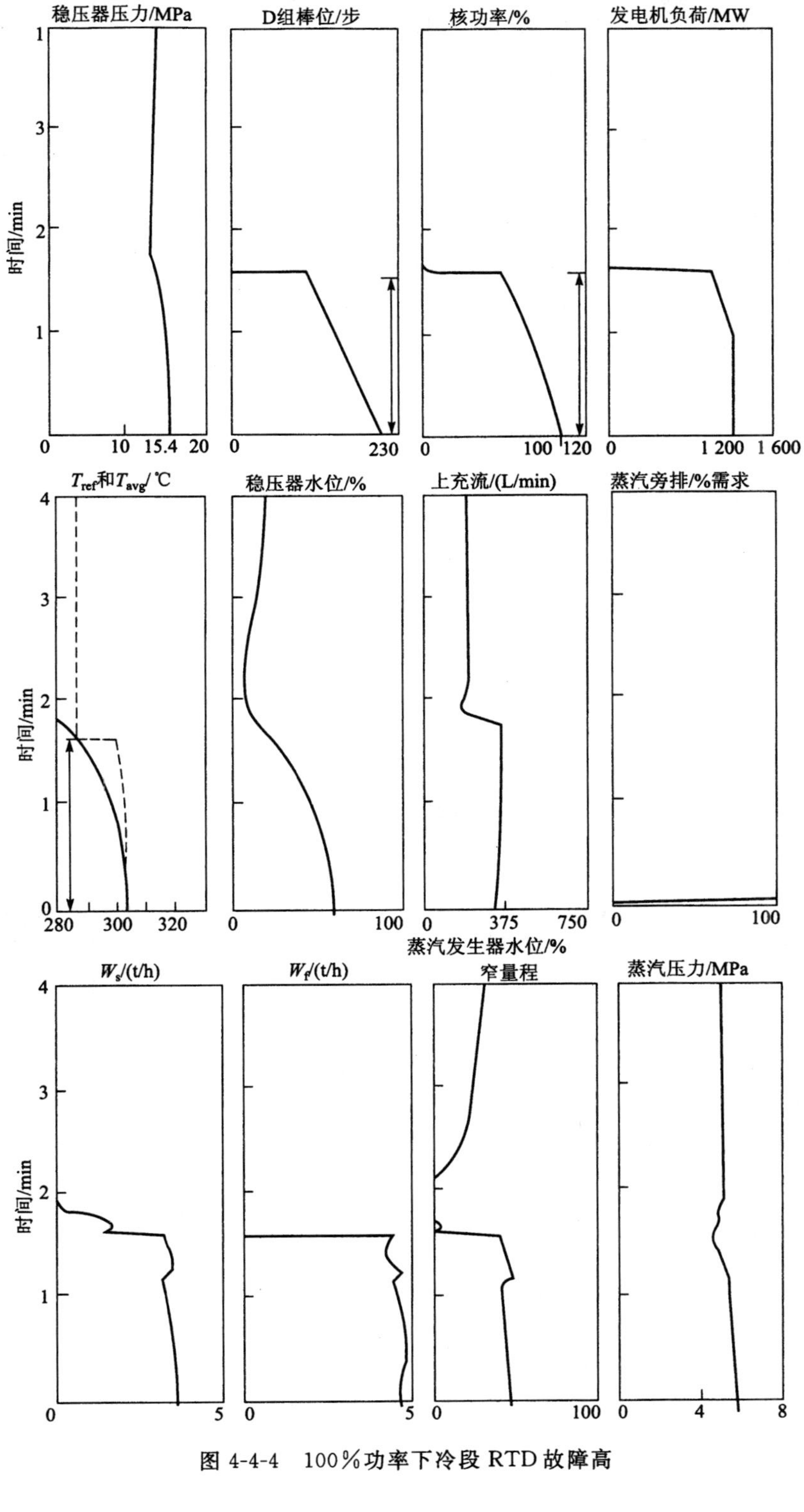


图 4-4-4 100%功率下冷段 RTD 故障高

## 4.4.2 二回路系统仪控通道故障

这部分包括蒸汽发生器水位通道、给水流量通道、蒸汽流量通道等。

本节主要讨论蒸汽发生器水位通道失效。每个蒸汽发生器的水位都是通过一个监测蒸汽流量、给水流量,实际水位和程序水位的系统来控制的,即所谓三冲量控制。通过流量调节阀调节给水流量,来实现蒸汽发生器的水位控制。实际运行中,也会遇到这种通道失效故障。

- 蒸汽发生器水位通道失效,高指示

原本蒸汽发生器的水位正常,可是由于通道失效给出高水位信号,因而导致给水流量立即减小,直至降到零。这使该蒸汽发生器的实际水位明显下降。由于丧失给水引起蒸汽压力增加。在该蒸汽发生器内,蒸汽流量与给水流量明显失配,当水位下降到低水位定值点时,反应堆紧急停堆,从而汽轮机停机。

图 4-4-5 给出蒸汽发生器水位通道故障高的瞬变过程。

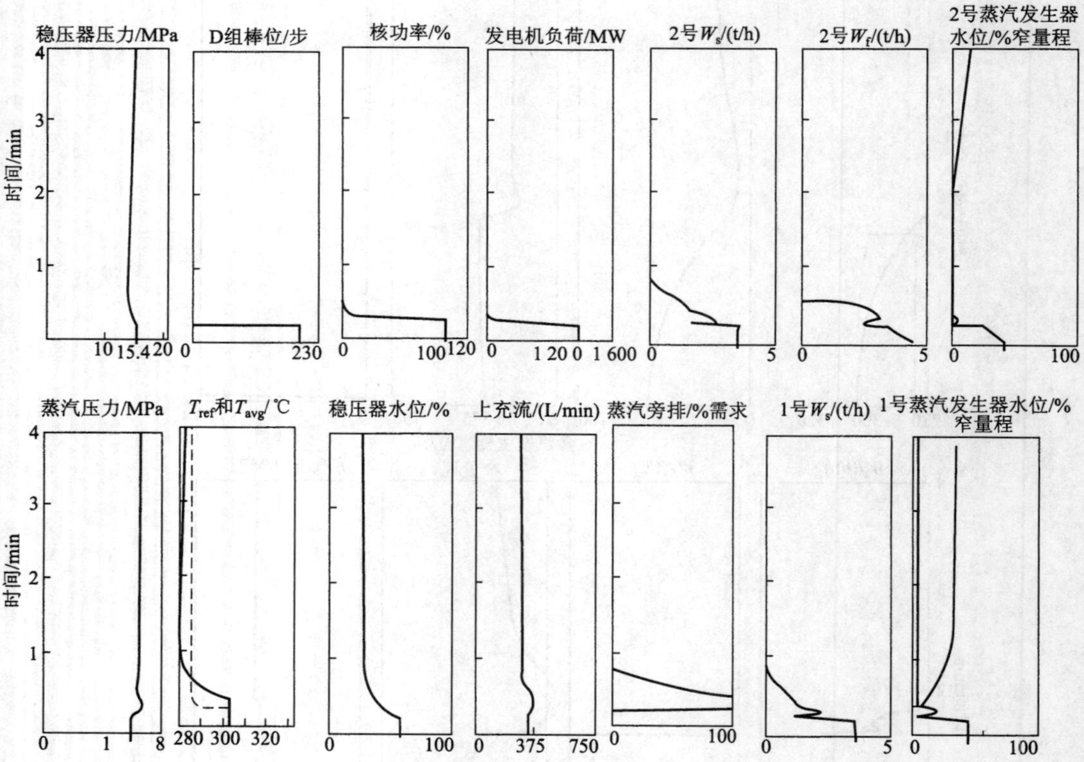


图 4-4-5 100%功率下蒸汽发生器水位通道高指示故障

表 4-4-5 给出了蒸汽发生器水位通道高指示故障的初始条件。

**表 4-4-5　蒸汽发生器水位通道高指示故障**

| | | |
|---|---|---|
| 初始条件 | 燃耗 | 寿期初(BOL) |
| | 平均温度 $T_{avg}$ | 303 ℃ |
| | 反应堆冷却剂系统(RCS)压力 | 15.4 MPa |
| | 反应堆功率 | 100%满功率 |
| | 其他 | 未受影响的蒸汽发生器蒸汽流量和水位在后面给出 |

·蒸汽发生器水位通道失效,低指示

这里,原来正常的蒸汽发生器的水位,由于通道失效给出了低水位信号,使之给水流量立即增大。过量给水使该蒸汽发生器的实际水位上升。当该蒸汽发生器的水位上升到给水联锁点时,自动关闭给水调节阀。阀门关闭后给水流量与蒸汽发生器水位均减小,但是由于此故障存在,所以又必然使给水流量再次增大,蒸汽发生器水位也再次上升,又一次升到给水联锁点。这样就出现了蒸汽发生器水位与给水流量的振荡现象。如果此故障存在,这种振荡现象就一直存在。

图 4-4-6 给出蒸汽发生器水位通道故障低的瞬变过程。

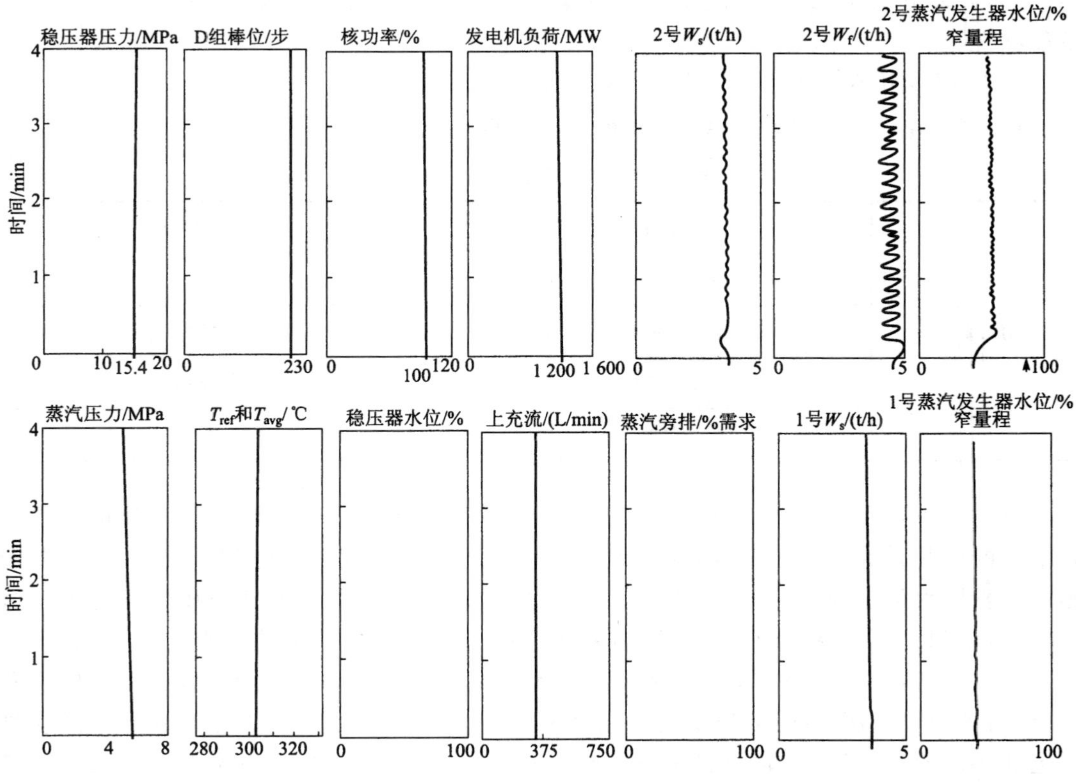


图 4-4-6　100%功率下蒸汽发生器水位通道低指示故障

表 4-4-6 给出了蒸汽发生器水位通道低指示故障的初始条件。

表 4-4-6 100%功率下蒸汽发生器水位通道低指示故障

| | | |
|---|---|---|
| 初始条件 | 燃耗 | 寿期初(BOL) |
| | 平均温度 $T_{avg}$ | 303 ℃ |
| | 反应堆冷却剂系统(RCS)压力 | 15.4 MPa |
| | 反应堆功率 | 100%满功率 |
| | 其他 | 未受影响的蒸汽发生器蒸汽流量和水位在后面给出 |

## 4.4.3 核仪表通道失效

这部分包括源量程通道、中间量程通道、功率量程通道等。

本节主要讨论功率量程通道失效。如果是功率量程通道失效，高指示故障，则由于此通道失效有信号输入功率失配线路而导致控制棒组下插，从而引起核功率下降，平均温度 $T_{avg}$ 下降，稳压器的水位、压力都在下降，但汽轮机负荷并不变化。

只要此故障存在，$T_{avg}$ 就在下降，由于负的反应性温度系数向堆芯引入了正反应性，这会导致核功率有回升现象，可是由于 $T_{avg}$ 一直下降则引起二回路的蒸汽压力下降，以致汽轮机控制阀门全开，也不能再维持负荷，最终处在汽轮机负荷与核功率新的平衡状况上。

图 4-4-7 给出功率量程通道失效高的瞬变过程。

表 4-4-7 给出了核仪表通道高指示故障的初始条件。

表 4-4-7 核仪表通道高指示故障

| | | |
|---|---|---|
| 初始条件 | 燃耗 | 寿期初(BOL) |
| | 平均温度 $T_{avg}$ | 303 ℃ |
| | 反应堆冷却剂系统(RCS)压力 | 15.4 MPa |
| | 反应堆功率 | 100%满功率 |
| | 其他 | |

通过这一章的讨论，可以看出，操纵员不仅要熟悉和掌握异常运行规程，还应该熟悉核电厂的一些瞬变过程。操纵员对核电厂某一运行参数变化，要清醒意识到往往并非都是由一种原因引起的。例如，从前面的运行实例中可见，同是一回路稳压器压力下降这一现象，引起的原因就可能是一回路小失水事故，或稳压器卸压阀有泄漏，或稳压器压力通道失效高指示等。这样，就要求操纵员应该能根据安全壳的压力变化，放射性监测器的指示；稳压器卸压管线温度，卸压箱的水位、温度指示；稳压器压力控制器指示及喷淋与电加热器的投入等，及时做出正确判断。所以，一个操纵员的反应迅速和全面分析能力是非常重要的。

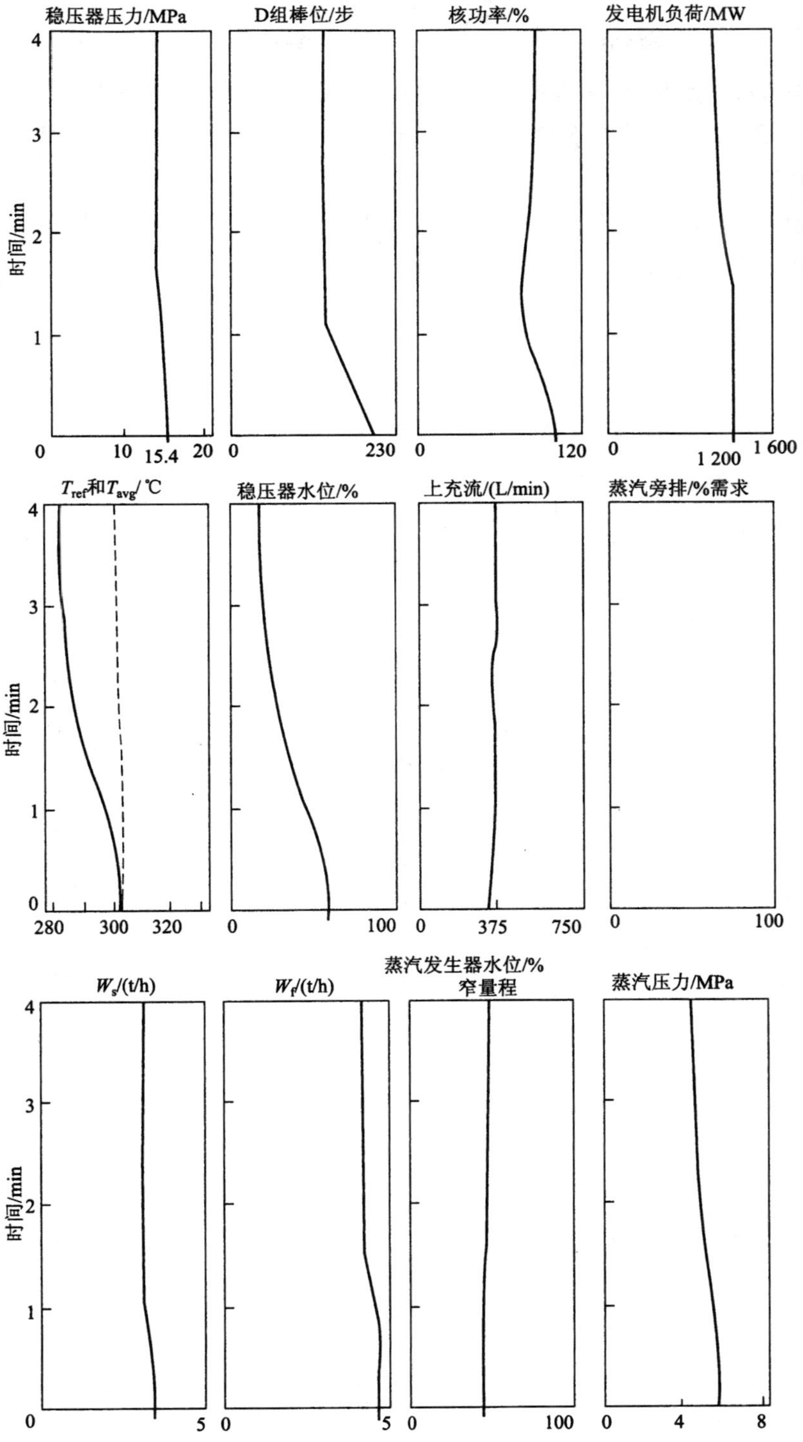


图 4-4-7 100%功率下功率量程高指示故障

## 复习思考题

1. 在功率运行时有一组控制棒连续上提会导致哪些现象?

2. 什么是通道失效故障?一回路有哪些通道失效故障?二回路有哪些通道失效故障?

3. 核电厂稳定运行在100%功率,现发现稳压器压力缓慢下降,试分析可能产生此现象的几种原因。

# 第五章　核电厂事故

## 5.1　总　述

核电厂的系统、部件或设备出现异常可以说是屡见不鲜的，如果处理及时、正确，就会化险为夷，如果处理的不及时、不正确，就有可能将事故扩大，甚至会扩大成部分燃料元件损坏或堆芯部分熔化和/或放射性物质向环境释放。尽管核电厂设计时，对核电厂寿期内认为极少发生的事故，如小破口失水事故、蒸汽管道小破裂事故、燃料组件装错位、控制棒误动作、丧失反应堆冷却剂强迫流等，进行了分析，还对一般认为在核电厂寿期内预期不会发生的所谓假想事故，如反应堆冷却剂系统管道大破口失水、主蒸汽管道破裂、蒸汽发生器传热管破裂、一台反应堆冷却剂泵卡轴、给水管道断裂、一束控制棒组弹出反应堆外、未紧急停堆的预期瞬态等也进行了分析。实践证明，操纵员处理不当，会使事故扩大。如三哩岛事故本是小破口失水事故，不会造成反应堆堆芯燃料棒损坏，这只是分析的结论，而事实是造成了堆芯部分熔化，可见操纵人员知识和正确及时处理事故的重要性。实践还证明，本来认为蒸汽发生器传热管破裂属于核电厂寿期内不会发生的事故，但曾经在若干座核电厂出现过，致使人们认为蒸汽发生器的寿命很难与核电厂的寿命相适应。因此，本章对蒸汽发生器传热管破裂作了较详细的介绍。本章还对有代表性的未紧急停堆的预期瞬态作了介绍，目的是能使读者对该事故的处理有清晰的理解和认识。限于本书的篇幅，不可能对上述提到的事故都作出介绍，而只能选择比较重要的或可能在核电厂运行中会出现的事故作介绍。

实际上，核电厂的运行事故必然与处理事故的应急运行规程联系在一起，特别是，从美国三哩岛事故的教训得出，核电厂有一套完善的应急运行规程极为重要。对事件或事故的处置规程称之为应急运行规程。美国三哩岛事故前后的应急运行规程是有较大差别的。

(1) 三哩岛事故前应急运行规程的特点

三哩岛事故前应急运行规程的制定是以事件为依据的。具体有三个特点：

① 首先判断事件产生的原因，然后再采取相应的措施。这就有可能延误时间而造成事故的进一步扩大或造成更为严重的后果；

② 因为它是事件定向的处置规程，如果判断及时正确，能取得事故处理的较好结果；

③ 一般讲，它不考虑多重故障的可能性。

(2) 三哩岛事故后应急运行规程的特点

三哩岛事故后的应急运行规程主要是面向征兆的规程，或叫征兆定向的规程，其主要特点为：

① 根据征兆边处置边诊断；

② 判明事故原因后，进行对症处置；

③ 增加了关键安全功能定向的处置规程，在失去关键安全功能时，首先要采取措施恢复关键安全功能；

④ 对多重故障有较好的处置效果。

为了克服事件定向应急运行规程的弱点，三哩岛事故之后，不仅美国核管会要求核电厂按征兆定向修改应急运行规程，而且法国和德国等国也都根据各国具体情形，修改、补充、完善了应急运行规程。

## 5.1.1 应急响应导则

美国西屋公司在三哩岛事故后开发的应急响应导则，是针对西屋公司设计的压水堆核电厂的应急响应规程的一般形式，在此一般形式导则中填入特定核电厂的具体参数和数据，结合特定核电厂的具体系统及设备，进行适当的修改或补充，即可成为特定核电厂的应急运行规程。

西屋公司的应急响应导则主要包括三个部分：最佳恢复导则、关键安全功能状态树和功能恢复导则。

## 5.1.2 最佳恢复导则

最佳恢复导则是指在应急运行状态中，执行以征兆为基础的、与事件相关的恢复对策，将核电厂引入最佳放射性物质释放量和设备部件损坏量限制在最小的终止状态。

最佳恢复导则处置的四个基本事故类型是：

- 反应堆紧急停堆(非事故)
- 反应堆冷却剂丧失
- 二次侧冷却剂丧失
- 蒸汽发生器传热管破裂

对于每一个基本事故类型，最佳恢复导则由三种形式的导则组成：

- E 导则，是每一基本事故类型的总应急导则和入口导则
- ES 导则，是对导则的补充，为每一基本事故类型提供补充的恢复对策
- ECA 导则，是应急偶然事件的行动对策

应急响应导则的总入口导则是 E－0，进入 E－0 的条件或征兆是：反应堆自动紧急停堆或手动停堆；专设安全设施动作或要求动作。

最佳恢复导则所包括的规程名称及代号见表 5-1-1。

**表 5-1-1 最佳恢复导则**

| 代 号 | 规程名称 |
|---|---|
| E－0 | 停堆或安注 |
| ES－0.0 | 再诊断 |
| ES－0.1(EPP－4) | 停堆响应 |
| ES－0.2(EPP－5) | 自然循环冷却 |
| ES－0.3(EPP－23) | 上封头有汽的自然循环冷却(堆芯有水位测量系统) |
| ES－0.4(EPP－6) | 上封头有汽的自然循环冷却(堆芯无水位测量系统) |
| E－1 | 失去反应堆冷却剂或二次侧冷却剂 |
| ES－1.1(EPP－7) | 安注终止 |
| ES－1.2(EPP－8) | 失水后冷却和降压 |

续表

| 代　号 | 规程名称 |
|---|---|
| ES-1.3(EPP-9) | 切换至冷段再循环 |
| ES-1.4(EPP-10) | 切换至热段再循环 |
| E-2(EPP-11) | 故障蒸汽发生器隔离 |
| E-3 | 蒸汽发生器传热管破裂(SGTR) |
| ES-3.1(EPP-12) | SGTR 后采用反注入方式冷却 |
| ES-3.2(EPP-13) | SGTR 后采用排污方式冷却 |
| ES-3.3(EPP-14) | SGTR 后采用排汽方式冷却 |
| ECA-0.0(EPP-1) | 失去所有交流电源 |
| ECA-0.1(EPP-2) | 失去所有交流电源的恢复-不需要安注 |
| ECA-0.2(EPP-3) | 失去所有交流电源的恢复-需要安注 |
| ECA-1.1(EPP-15) | 失去应急再循环能力 |
| ECA-1.2(EPP-0) | 安全壳外失水 |
| ECA-2.1(EPP-6) | 所有 SG 不可控降压 |
| ECA-3.1(EPP-17) | SGTR 并发失水-过冷恢复 |
| ECA-3.2(EPP-18) | SGTR 并发失水-饱和恢复 |
| ECA-3.3(EPP-19) | SGTR 且失去稳压器压力控制 |

最佳恢复导则转换流程见图 5-1-1。

(1) E-0 导则(规程)——反应堆紧急停堆或安注

① E-0 导则的目的是在反应堆自动紧急停堆或手动停堆或安注后，指导操纵员确认自动保护系统的响应，评价电厂状况，和确定恰当的恢复导则。

② E-0 导则的入口是反应堆紧急停堆或安注。

下列是反应堆紧急停堆的征兆：

① 任一反应堆紧急停堆报警信号灯亮；

② 核测仪表指示的中子水平快速下降；

③ 全部控制棒包括停堆棒插入堆芯，棒在底部的指示灯亮。

如果反应堆未发生紧急停堆，下列是要求紧急停堆的征兆：

① 反应堆紧急停堆的红色报警信号灯首先亮；

② 电厂的任一紧急停堆保护参数超过定值点。

下列是反应堆紧急停堆和安注的征兆：

① 任一安注报警信号灯亮；

② 安注泵运行；

③ 其他特定征兆。

如果未发生紧急停堆和安注，下列是要求紧急停堆和安注的征兆：

① 稳压器压力低于定值点；

② 安全壳压力高于定值点；

③ 蒸汽管道高流量＋蒸汽管道低压力或蒸汽管道高流量＋低低平均温度；

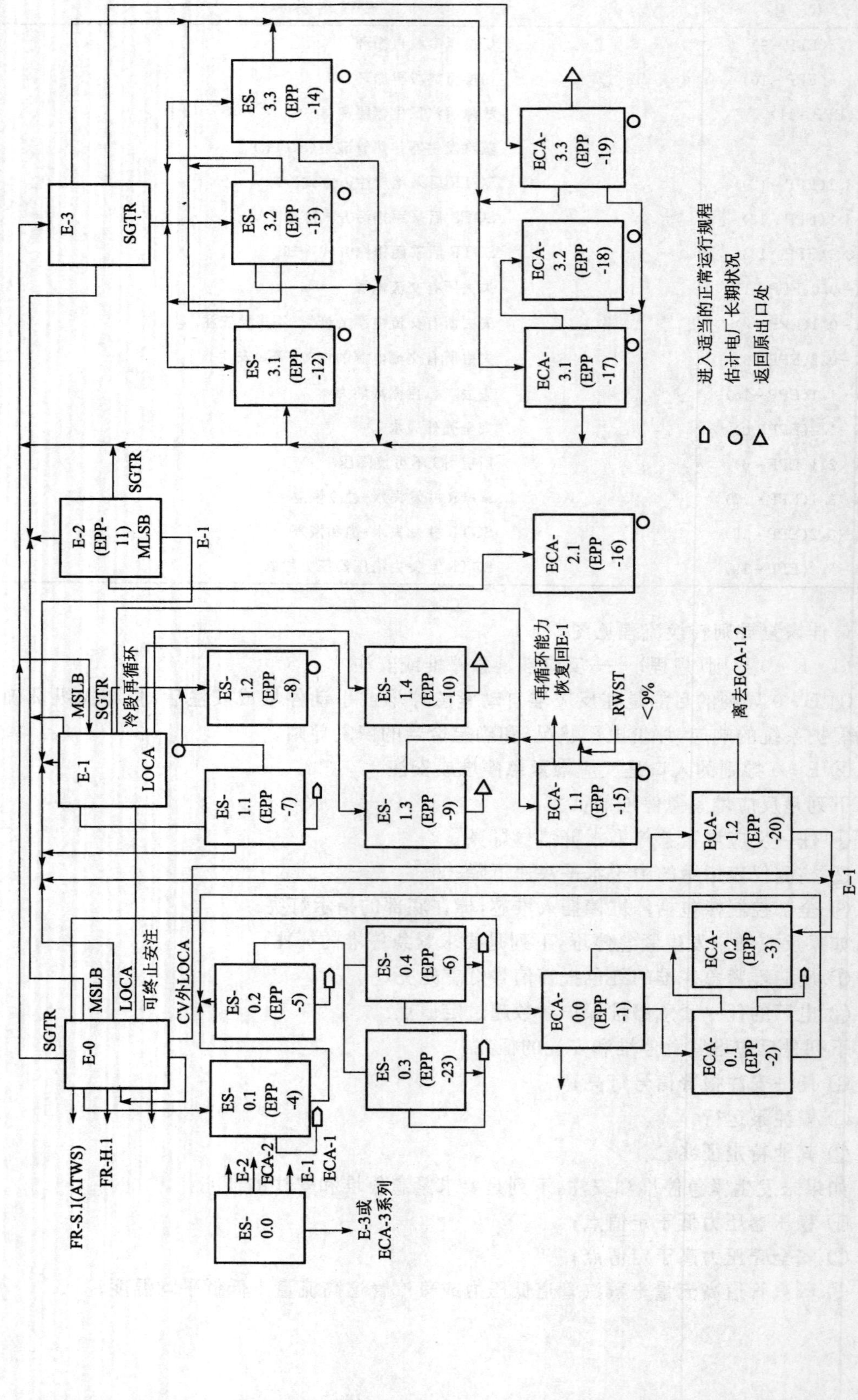


图 5-1-1 最佳恢复导则(ORG)转换流程图

④ 蒸汽管道高压差。

导则采用两列排列形式，左边的是操纵员的动作或预期的响应，在左边内容不能满足时，进行右边的动作。

E－0 导则的主要操作和监视内容包括：

① 确认保护系统和专设安全系统触发后的自动动作；

② 选用适当的最佳恢复导则；

③ 停闭不需要的设备，并继续选用适当的最佳恢复导则。

E－0 的诊断与操作流程简图见图 5-1-2。

(2) E－1 导则(规程)——失去反应堆冷却剂或二次侧冷却剂

在 E－1 中一旦诊断出事故性质立即转入事件定向的对策规程，规程执行完毕，如有必要，仍回到 E－0 相应的入口点继续执行 E－0 监督诊断规程。

E－1 规程的目的主要是失去反应堆冷却剂或二次侧冷却剂后的恢复。

E－1 的入口很多，其主要入口是从 E－0 进入的有卸压阀卡开、截止阀不能关闭；安全壳内高放射性、高压力或高再循环地坑水位；反应堆冷却剂系统压力低于余热排出泵截止压头。从 E－2 的最后一步，在完成破损蒸汽发生器的识别和隔离后，总是转到 E－1 的入口。

E－1 的主要操作和监视内容是：

① 监视最佳方式运行的电厂设备；

② 检查后继的故障；

③ 确定长期电厂恢复的最佳方法。

E－1 的操作步骤简图，如图 5-1-3 所示。

在发生一次侧或二次侧破口时，冷却一次侧和堆芯的手段主要有两类：

① 利用上充流或安注补充一次侧水量丧失并冷却堆芯，一次侧完好时上充流加下泄(或稳压器排汽)或安注加稳压器排汽用来冷却堆芯。

系统压力降到余热排出系统工作压力以下，则可启用余热排出系统。当换料水箱低于设定值时则转入冷段再循环。事故 24 h 后，转入热段再循环，以利抑制反应堆压力容器上腔室汽化并使硼浓度分布均匀。

② 启用完好的蒸汽发生器，利用辅助给水加蒸汽旁路或排汽冷却一次侧，为此，需确保辅助给水流率和至少一台蒸汽发生器有一定的水位(例如 5%～50%)。

作为上述两类手段的补充，必要时，可采取反应堆压力容器上封头排汽措施，以加大安注流量，提高堆芯水位，及早恢复自然循环能力。

为保证实现上述一次侧及二次侧冷却手段，E－1 中规定操纵员要注意核查下列事项：

① 蒸汽发生器是否完好，水位是否足够，辅助给水流量是否足够；

② 换料水箱水位是否够高；

③ 辅助给水水源有无保证；

④ 稳压器卸压阀在低于定值点时是否回座(防止汽腔失水事故)，是否至少有一台卸压阀的截止阀开启(确保排汽能力)。

在发生大失水事故时，E－1 经过冷段再循环、热段再循环，最后达到评价长期电厂状态。如果发生中、小失水事故，则启用 ES－1.2，失水事故后的冷却和降压，达到评价长期电厂状态。如果有蒸汽发生器传热管破裂，则转入 E－3 规程(SGTR)。

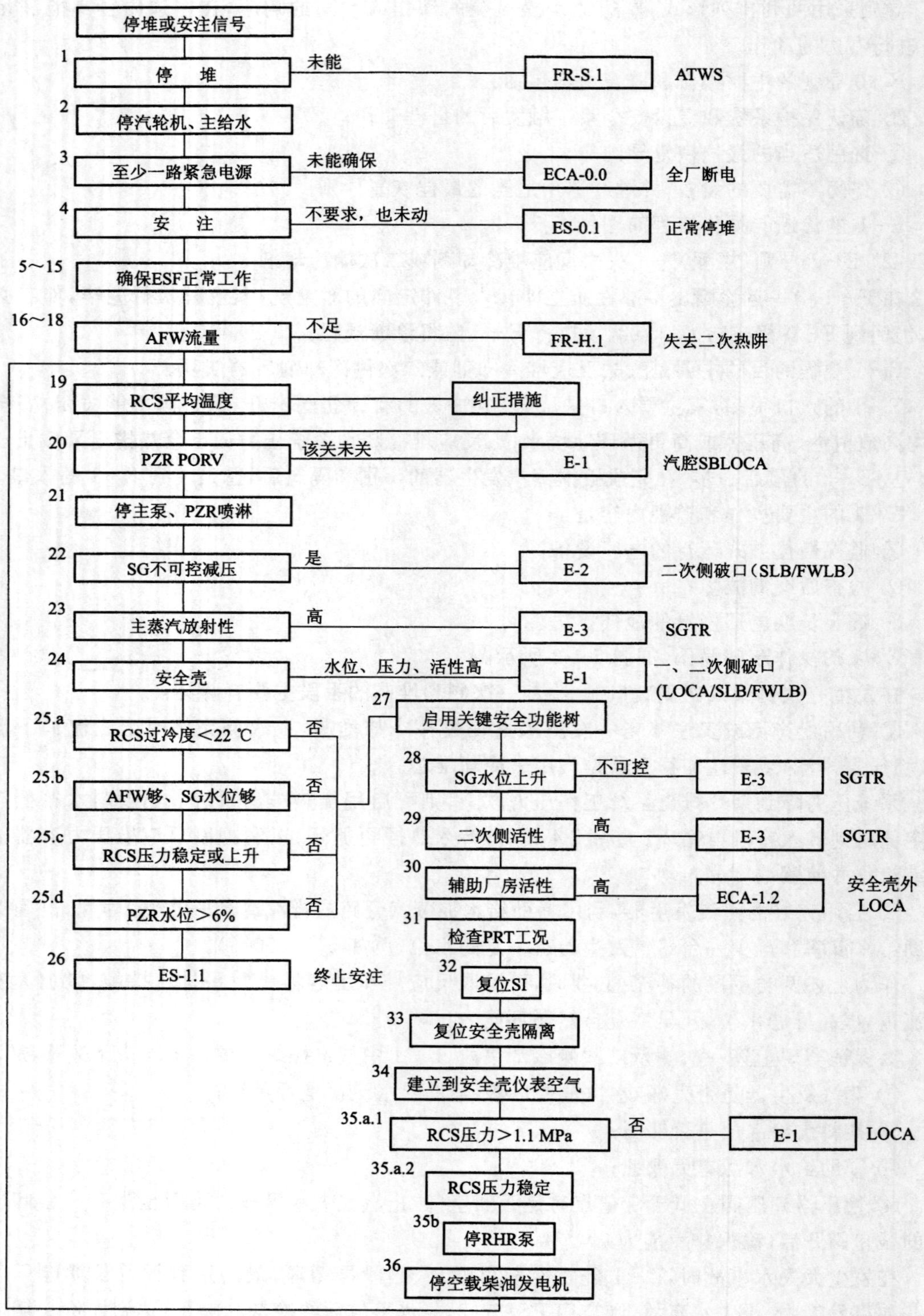


图 5-1-2 E－0 诊断与操作流程图

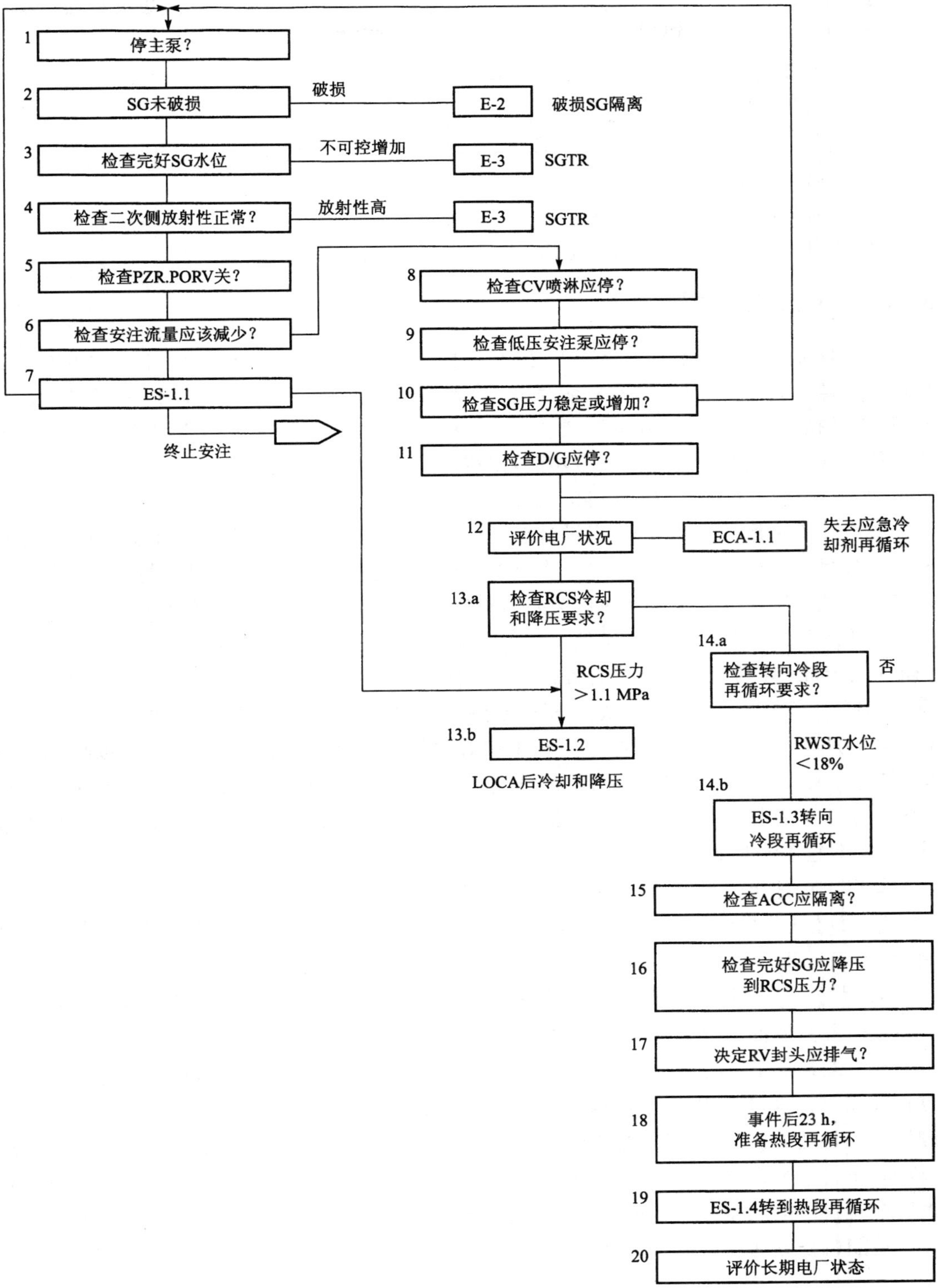


图 5-1-3　E－1 失去反应堆冷却剂和二次侧冷却剂诊断与操作流程图

(3) E-2导则(规程)—破损蒸汽发生器隔离

本导则的目的在于识别和隔离破损蒸汽发生器,主要处理主蒸汽管线破裂事故。其主要入口是从E-0进入的有:

① 任何蒸汽发生器压力不可控的下降;

② 任何蒸汽发生器完全降压。

如从E-1,E-3,ECA-3.1,ECA-3.2进入时,则有下列征兆;

① 任何蒸汽发生器不可控降压;

② 任何蒸汽发生器完全降压;

③ 破损蒸汽发生器隔离未被确认。

### 5.1.3 功能恢复导则

功能恢复导则是指在应急运行状态中,执行以征兆为基础的,与安全功能相关的对策的导则。核电厂发生事故(含多重故障及单一故障)导致其某些关键安全功能受到威胁与破坏时,可以根据征兆判断出正在受到威胁与破坏的安全功能,然后遵照相应的功能恢复导则,或功能恢复规程去恢复这部分安全功能,使核电厂恢复到安全状态。

(1) 最佳恢复和关键安全功能恢复之间的关系

核电厂长期运行经验表明,操纵员能够利用最佳恢复概念对应急瞬变作出及时的响应。应急事件后果分析还表明,要及时地使核电厂运行到最佳终止状态(放射性物质泄漏和设备损坏可以减少到最低程度),使用以征兆为基础、与事件相关的最佳恢复导则规程是必不可少的。因此可以认为这种规程是处理应急瞬变较好的方法。但是要执行这种规程首先要准确地判断事故,然后要正确地执行规程才能奏效。这在核电厂发生单一事故时问题并不严重,而当发生多重故障时,其严重性就明显地暴露出来。多重故障可能造成的电厂状态和设备故障,使得操纵员几乎不可能使用与事件有关的恢复规程。在这种情况下,以征兆为基础,与功能相关的功能恢复导则(规程)就变成处理这种应急瞬变的较好方法。它不是以处理某一事件为目标,而是以恢复某一安全功能为目标。它可以有效地使核电厂运行到安全状态,但不是最佳终结状态。

从以上论述可以得出结论:

① 最佳恢复规程是西屋公司应急响应导则中的主要应急规程,它通常用于事件征兆明确、发生单一事故的情况下,执行的结果可以获得最佳终结状态。

② 功能恢复规程是对最佳恢复规程的一种补充,它通常应用于安全功能受到严重破坏的多重事件并发的情况下,执行的结果可以使核电厂处于安全状态。

在一般情况下,关键安全功能状态树的诊断是与最佳恢复规程的执行相并行。只有当应急母线上有电,且关键安全功能状态树诊断出某个关键安全功能遭到严重破坏时,才中断最佳恢复导则的执行,转而执行相关的功能恢复导则。当相应的安全功能有所恢复后,再退出功能恢复导则,继续执行原来中断的最佳恢复导则。从这个意义来说,功能恢复规程中处理安全功能严重破坏的规程的优先级要比大多数最佳恢复导则的优先级高。

功能恢复导则所包括的规程名称及代号见表5-1-2。

表 5-1-2　功能恢复导则

| 代　号 | 规 程 名 称 |
| --- | --- |
| FRP－S. 1(FR－S. 1) | 对核功率产生 ATWS 的响应 |
| FRP－S. 2(FR－S. 2) | 对丧失反应堆停堆功能的响应 |
| FRP－C. 1(FR－C. 1) | 对堆芯冷却严重不足的响应 |
| FRP－C. 2(FR－C. 2) | 对堆芯冷却条件降级的响应 |
| FRP－C. 3(FR－C. 3) | 对饱和的堆芯冷却条件的响应 |
| FRP－H. 1(FR－H. 1) | 对丧失二回路热阱的响应 |
| FRP－H. 2(FR－H. 2) | 对蒸汽发生器过压的响应 |
| FRP－H. 3(FR－H. 3) | 对丧失蒸汽正常释放能力的响应 |
| FRP－H. 4(FR－H. 4) | 对蒸汽发生器高水位的响应 |
| FRP－H. 5(FR－H. 5) | 对蒸汽发生器低水位的响应 |
| FRP－P. 1(FR－P. 1) | 对危急的受压热冲击的响应 |
| FRP－P. 2(FR－P. 2) | 对预期的受压热冲击的响应 |
| FRP－J. 1(FR－J. 1) | 对安全壳高压力的响应 |
| FRP－J. 2(FR－J. 2) | 对安全壳淹没的响应 |
| FRP－J. 3(FR－J. 3) | 对安全壳高放射性的响应 |
| FRP－I. 1(FR－I. 1) | 对稳压器高水位的响应 |
| FRP－I. 2(FR－I. 2) | 对稳压器低水位的响应 |
| FRP－I. 3(FR－I. 3) | 对反应堆压力容器中产生汽泡的响应 |

(2) 关键安全功能

关键安全功能包括如下六方面：

① 次临界度

它保证有足够的停堆深度和可靠的停堆功能，确保反应堆在停堆后处于可靠的次临界状态下，避免发生未能紧急停堆的预期瞬态(ATWS)重返功率量程和丧失堆芯停闭功能。

② 堆芯冷却

它保证足够的冷却装量以及通过堆芯的流量，避免堆芯冷却不足或出现堆芯饱和状态，保证燃料包壳温度低于 1 024 ℃。

③ 二回路热阱

它保证蒸汽发生器有正常的水位和蒸汽释放通道，避免出现蒸汽发生器高水位、低水位、超压和丧失正常蒸汽释放能力，确保堆芯热量通过二回路能传送到最终热阱(自然界的热消散区)去。

④ 压力边界完整

它维持正常的停堆冷却速率，反应堆冷却剂的温度和压力曲线保持在技术规范要求的范围内。避免冷却剂系统设备在受压情况下承受冷却过快而产生的热冲击，这可能会导致压力容器或其他材料脆裂而破损。

⑤ 安全壳完整

它保证安全壳完整，避免出现安全壳超压、淹没和高放射性活度水平。阻止放射性物质由最后一道安全屏障外泄。

⑥ 冷却剂装量

它保证稳压器有一定水位，确保一回路压力可控的堆芯热量载出，避免出现稳压器高水位、低水位和压力容器出现汽泡。

在核安全分析中最重要的是确保核电厂安全的三道安全屏障，它们体现了“纵深防御”的概念。这里我们在图 5-1-4 中给出了关键安全功能与三道安全屏障的关系。

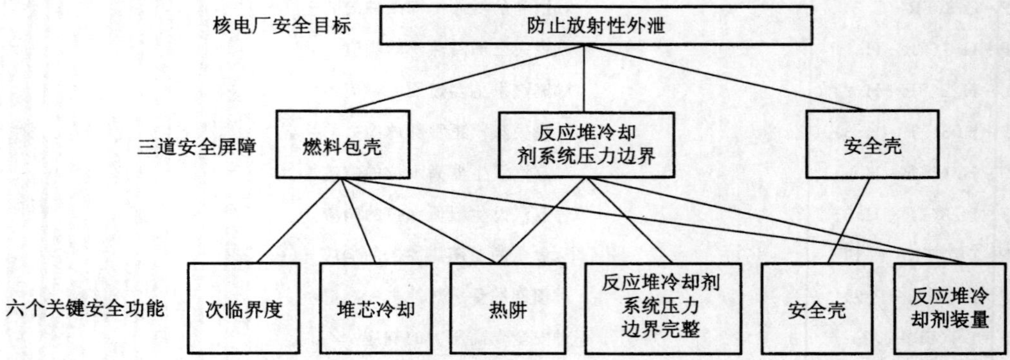


图 5-1-4　安全屏障与关键安全功能之间的关系

(3) 关键安全功能状态树

关键安全功能状态树是用来引导操纵员对核电厂安全功能状态进行系统性诊断的系统。

① 结构(树结构见图 5-1-5)

a. 整个安全功能状态树由六个具有树结构的状态树串接组成，由 CSF－1 至 CSF－6。每个状态树对应一个关键安全功能，负责对该安全功能的状态进行诊断。

b. 每个状态树由若干个状态诊断点组成，每个诊断点选定若干个安全参数，用其实际值与安全定值相比较来判断安全状态。

c. 每个状态树只有一个入口，但可有若干个出口，代表各种不同的安全状态，去启动一个特定的功能恢复规程。但是在核电厂实际运行时的确定时间内，每通过一次状态树，它只判断出一个确定的状态，也就是说每个状态树只有一个确定的出口。

d. 一旦启动状态树，六个安全状态依次进行诊断。当第六个安全状态树诊断完毕，再转入第一个状态树，往返循环诊断。

② 安全状态级别

每个安全功能的状态按其受到威胁和破坏的程度分成 4 级：

a. 紧急状态，红色标志。它表明该安全功能遭受极严重的破坏，面临紧急状态，要求操纵员按对应的功能恢复规程立即进行干预；

b. 严重状态，橙色标志。它表明该安全功能遭受极严重的威胁，要求操纵员按对应的功能恢复规程尽快进行干预；

c. 偏离状态，黄色标志。它表明该安全功能已经偏离正常，操纵员可以按电厂当时情况自行决定按对应功能恢复规程进行干预的时间；

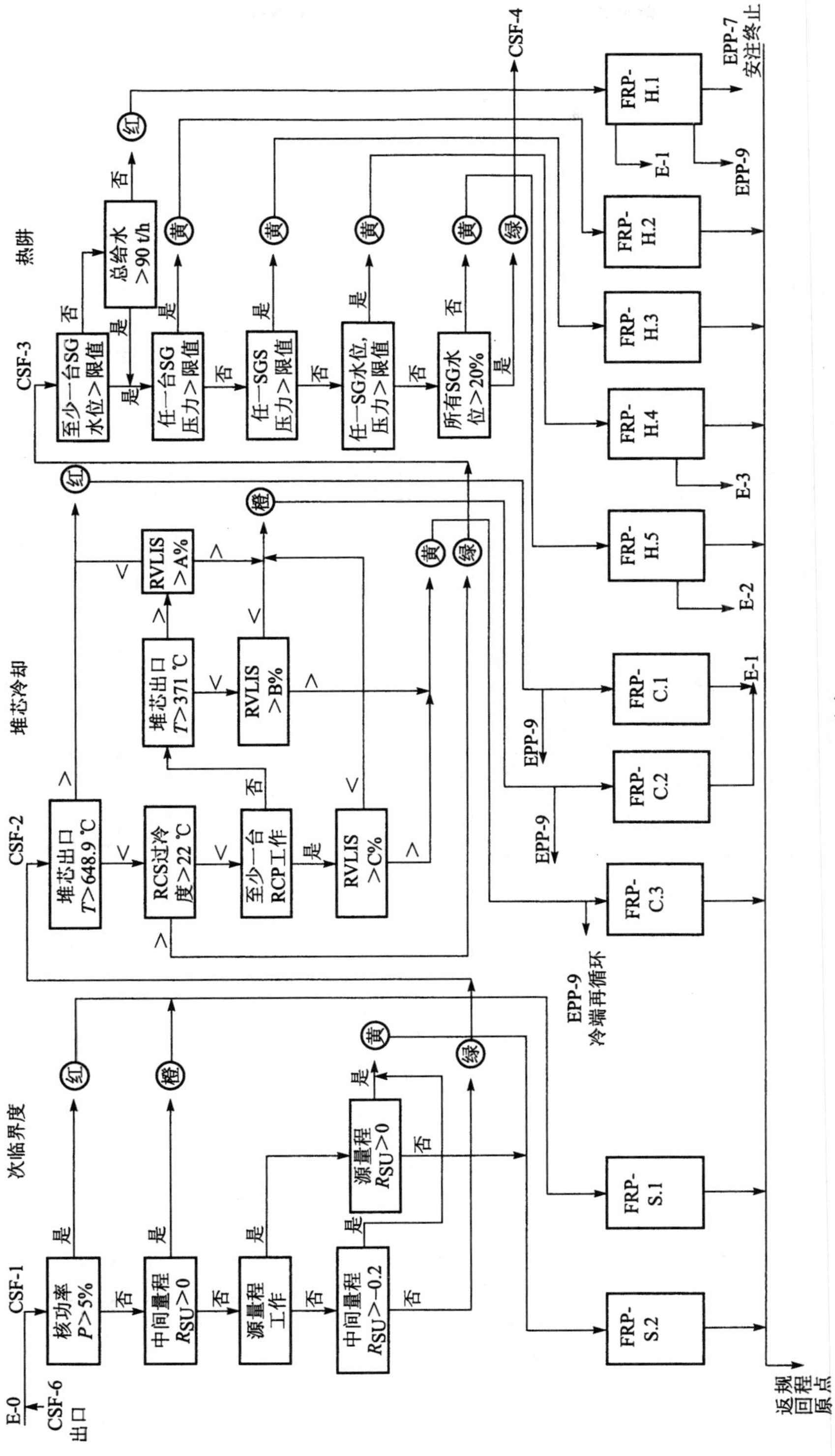
次临界度
堆芯冷却
热阱
E-0
CSF-6
出口
CSF-1
核功率
P>5%
中间量程
RSU>0
源量程
工作
中间量程
RSU>-0.2
源量程
RSU>0
是
否
红
橙
黄
绿
CSF-2
堆芯出口
T>648.9 ℃
RCS过冷
度>22 ℃
至少一台
RCP工作
RVLIS
>C%
堆芯出口
T>371 ℃
RVLIS
>B%
RVLIS
>A%
CSF-3
至少一台SG
水位>限值
总给水
>90 t/h
任一台SG
压力>限值
任一SGS
压力>限值
任一SG水位,
压力>限值
所有SG水
位>20%
CSF-4
FRP-
S.1
FRP-
S.2
FRP-
C.1
FRP-
C.2
FRP-
C.3
FRP-
H.1
FRP-
H.2
FRP-
H.3
FRP-
H.4
FRP-
H.5
E-1
E-2
E-3
EPP-9
EPP-9
冷端再循环
EPP-7
安注终止
返回规程原点

(a)

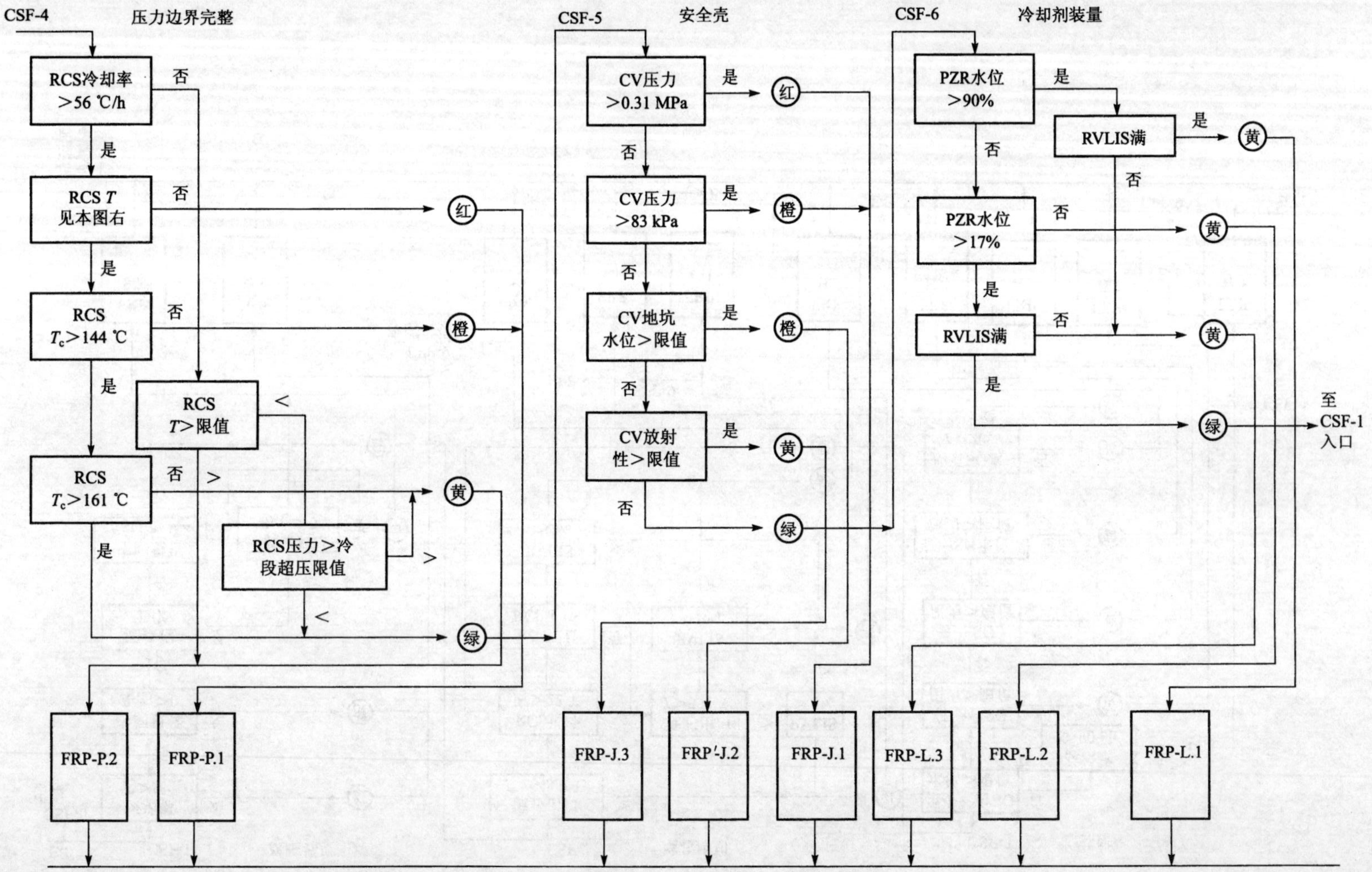


（b）

图 5-1-5　关键安全功能状态树与功能恢复规程

d. 正常状态，绿色标志。它表明该安全功能安全正常，操纵员不需要进行干预。

③ 安全状态的诊断参数及其判据

对任一安全功能状态树中的任一状态，都选有若干个安全参数进行判断。各安全功能状态树中所选用的安全参数如下：

a. 次临界度：核功率，中间量程启动率，源量程启动率；

b. 堆芯冷却：反应堆堆芯出口温度，反应堆冷却剂过冷度，反应堆冷却剂泵运行状态，压力容器水位；

c. 二回路热阱：蒸汽发生器水位，总给水流量，主蒸汽压力；

d. 压力边界完整：反应堆冷却剂的冷却率，反应堆冷却剂冷段温度，反应堆冷却剂系统压力；

e. 安全壳：安全壳压力，安全壳地坑水位，安全壳放射性活度水平；

f. 冷却剂装量：稳压器水位，压力容器水位。

④ 安全状态诊断的优先级

a. 在整个安全功能状态树中，六个安全功能按它们对保证核电厂安全的重要性排序，其优先级排序如下：

CSF－1 次临界度→CSF－2 堆芯冷却→CSF－3 二回路热阱→CSF－4 压力边界完整→CSF－5 安全壳→CSF－6 反应堆冷却剂装量

b. 在一个安全功能状态中，诊断点的安排总是保证安全状态的判断沿着紧急-严重-偏离-正常的顺序进行。

由上可见，安全状态诊断优先级分成两个层次排序，第一层次为安全功能的重要性，第二层次为安全状态的严重性。这样保证最重要的安全功能以及每个功能中的最严重的状态在各自排序的层次中得到最高的优先级。

⑤ 功能状态诊断与功能恢复规程执行的原则（见图 5-1-5）

a. 关键安全功能状态树的入口

在应急响应导则 E－0 执行完立即行动（对反应堆保护系统和专设安全设施的所有设备和动作进行确认）和第一遍严重事故诊断而未发现相应征兆之后（第 27 步），将启动关键安全功能状态树，以保证在 E－0 中继续诊断严重事故或转而执行有关最佳恢复规程的同时，能连续诊断关键安全功能的状态。

之所以在确认所有保护系统和安全系统正常后才启动关键安全功能监督，其原因在于这些设备的正常工作是防止和校正关键安全功能任何降级的基本保证和前提。

除了 E－0 第 27 步（见图 5-1-2）启动关键安全功能状态的连续监督外，如果发生反应堆不能自动和手动停堆和辅助给水流量不能建立，还将分别从 E－0 第 1 步和第 17 步（见图 5-1-2）不经关键安全功能状态树的诊断而直接转向执行 FRP－S. 1 和 FRP－H. 1 规程。

b. 状态诊断和规程执行的规则

一旦开始监督状态树，下列规则必须遵循：

(a) 状态树必须按其原定优先级顺序连续监督。

(b) 如诊断到紧急红色标志状态，操纵员应立即停止原来正在执行的最佳恢复规程，转而去执行相应的功能恢复规程。

(c) 如诊断到一个严重橙色标志状态，操纵员应尽快地停止原来正在执行的最佳恢复规程，转而去执行优先级最高的严重状态所对应的功能恢复规程。

(d) 如诊断到一个偏离黄色标志状态，操纵员有权自行决定继续原来正在进行的最佳恢复规程还是转而执行有关的恢复规程。

(e) 在执行某一低级别如严重对应的功能恢复规程时，又发生了级别更严重的状态如紧急，操纵员应暂时中断原正在进行的功能恢复规程转而执行级别更严重的功能恢复规程。

(f) 正在执行某一紧急或严重状态对应的功能恢复规程时，又发生了优先级更高的紧急或严重状态，操纵员应暂时中断正在进行的功能恢复规程，转而执行优先级更高的功能恢复规程。

c. 功能恢复规程的出口

一般来说，在某一恢复规程执行过程中，当原来据其进入该恢复规程所对应的状态消失后(如原执行的是紧急状态的恢复规程，执行的结果使紧急状态消失，转成严重或其他状态)，就可以终止该规程的执行。在没有其他安全功能需要恢复时(红或橙)，则可转去继续执行原被中断的最佳恢复规程。

但有个别功能恢复规程的出口规定了固定转移的最佳恢复规程的连接点。如发生了堆芯冷却严重不足且执行了 FRP-C.1 后，将转至 E-1 丧失反应堆冷却剂和二回路冷却剂第 12 步，让操纵员去检查当时的全厂状态，特别是放射性泄漏程度和用于长期电厂恢复的设备可用性。又如发生了蒸汽发生器高水位且执行了 FRP-H.4 后，有可能转向 E-3 (SGTR)处理。

(4) 功能恢复规程

功能恢复规程包括 6 个方面，由 18 个规程组成。其作用是指导操纵员去执行一系统的判断及其相应的操作，去恢复某一方面的安全功能，以使核电厂处于安全运行状态。

① CSF-1 次临界度

a. FRP-S.1 对核功率产生未能紧急停堆的预期瞬态(ATWS)的响应

目的：解决次临界度丧失或未能紧急停堆的预期瞬态问题，确保反应堆可靠停闭(出口为核功率<5%)。

b. FRP-S.2 对丧失反应堆停堆功能的响应

目的：确保反应堆可靠停闭。

② CSF-2 堆芯冷却

a. FRP-C.1 对堆芯冷却严重不足的响应

目的：消除由堆芯裸露而导致堆芯冷却严重不足的问题。

(出口：堆芯出口温度<649 ℃，压力容器水位>A%)

b. FRP-C.2 对堆芯冷却条件降级的响应

目的：恢复堆芯冷却条件。

c. FRP-C.3 对饱和的堆芯冷却条件的响应

目的：在饱和状态下恢复堆芯冷却条件。

③ CSF-3 热阱

a. FRP-H.1 对丧失二回路热阱的响应

目的：恢复二回路热阱出口(任一蒸汽发生器水位>20%，或总给水流量>90 t/h)，如恢复不成，保证反应堆冷却剂系统的 bleed-feed 路径。

b. FRP－H.2 对蒸汽发生器过压的响应

目的：将过压的蒸汽发生器压力降下来。

c. FRP－H.3 对丧失蒸汽正常释放能力的响应

目的：恢复受影响的蒸汽发生器的蒸汽释放能力。

d. FRP－H.4 对蒸汽发生器高水位的响应

目的：保护汽轮机，使高水位恢复正常。

e. FRP－H.5 对蒸汽发生器低水位的响应

目的：使低水位恢复正常。

④ CSF－4 压力边界完整

a. FRP－P.1 对危急的受压热冲击的响应

目的：避免受压热冲击造成的压力边界破损。

b. FRP－P.2 对预期的受压热冲击的响应

目的：避免预期的受压热冲击造成压力边界破损。

⑤ CSF－5 安全壳

a. FRP－J.1 对安全壳高压力的响应

目的：保证安全壳完整，防止放射性外泄。

b. FRP－J.2 对安全壳淹没的响应

目的：根据安全壳淹没的原因采取对策。

c. FRP－J.3 对安全壳高放射性活度的响应

目的：防止放射性物质外泄。

⑥ CSF－6 冷却剂装量

a. FRP－I.1 对稳压器高水位的响应

目的：将稳压器高水位以可控方式降至正常水位范围（$<75\%$）。

b. FRP－I.2 对稳压器低水位的响应

目的：将稳压器低水位增加至正常范围。

c. FRP－I.3 对反应堆压力容器中产生汽泡（$>17\%$）的响应

目的：消除已经在反应堆压力容器上封头产生的汽泡。

### 5.1.4　最佳恢复导则与功能恢复的转换关系

最佳恢复导则与功能恢复导则的转换关系见图 5-1-6。

概括起来，图 5-1-7 给出了核电厂应急响应导则与正常、异常和应急运行间的关系。

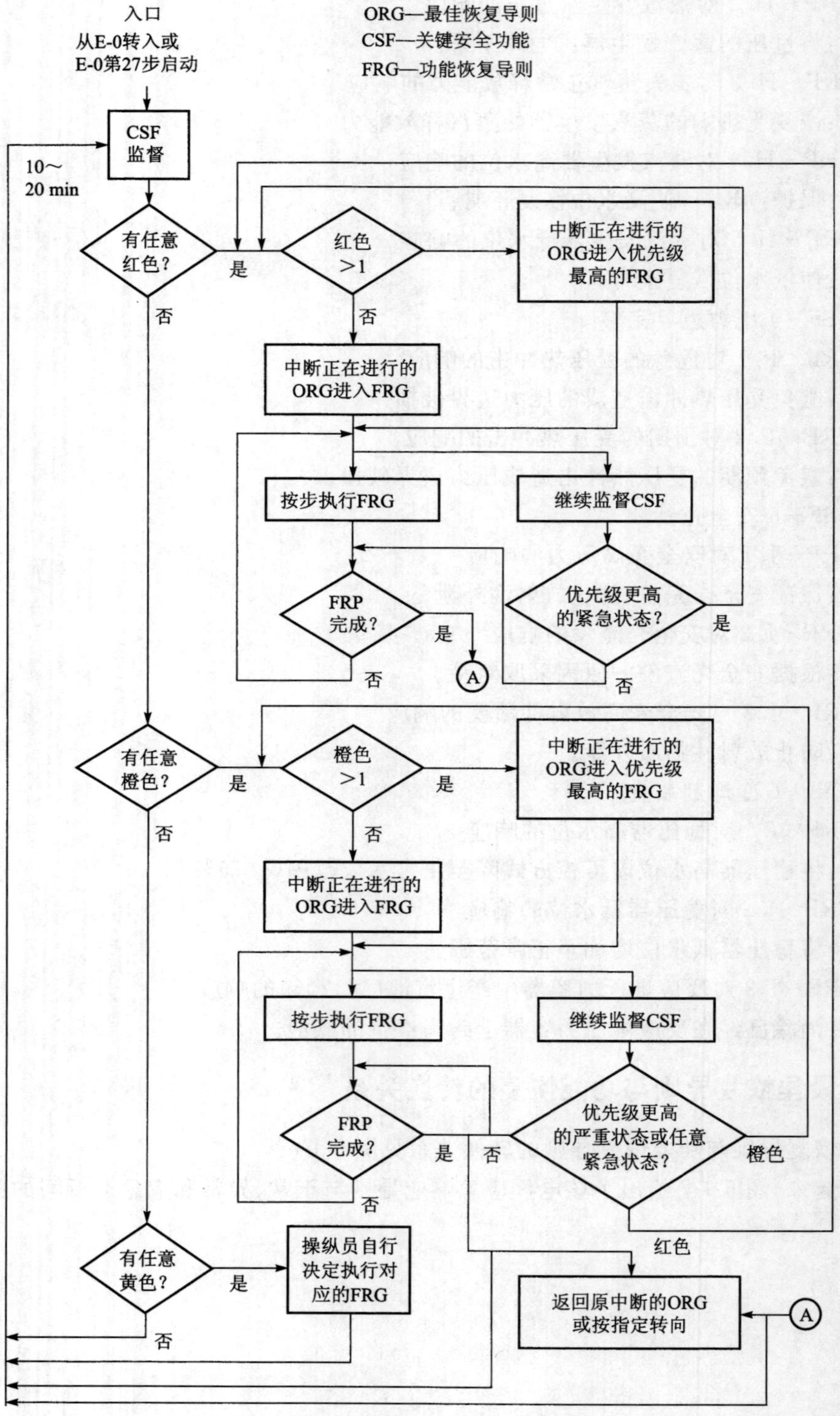


图 5-1-6 最佳恢复导则与功能恢复导则的转换关系

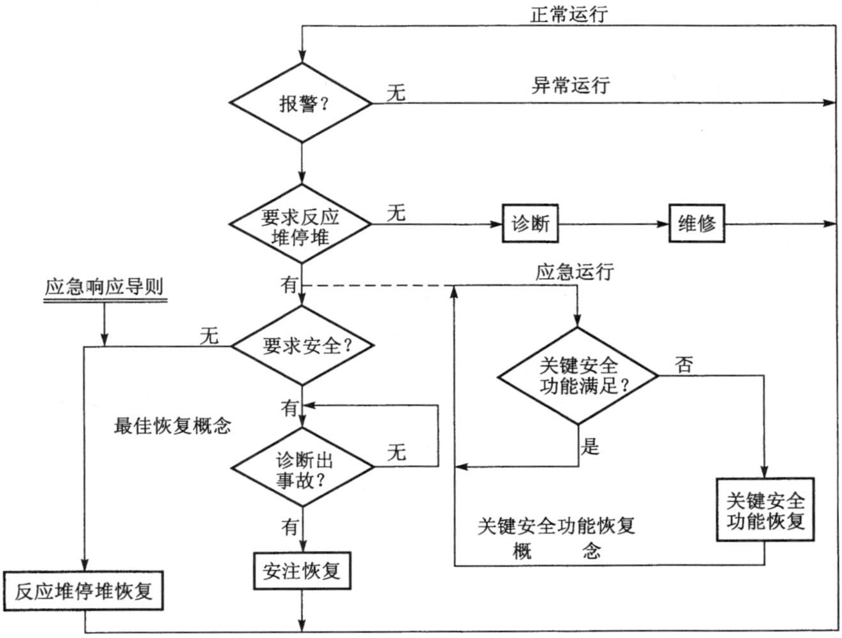


图 5-1-7　核电厂应急响应导则结构——正常、异常和应急运行之间的关系

## 5.2　未紧急停堆的预期瞬变(ATWS)

未紧急停堆的预期瞬变(ATWS)这个概念是在20世纪60年代末期由美国反应堆保障咨询委员会提出的。ATWS是Anticipated Transients Without Scram的缩写。当时的主要问题是保证反应堆控制系统和保护系统的分立性。若反应堆的控制和保护功能不能完全分立,则控制系统的故障将会削弱保护系统对于要求停堆的瞬态的响应能力。随着控制,保护系统相互影响的问题通过管理及设计上的改进得到解决,未紧急停堆的预期瞬变的概念逐渐有了变化。最后未紧急停堆的预期瞬变的定义演变为:在发生预期运行瞬变(Ⅱ类工况,即中频事件)而要求停堆时,由于特定的电气或机械方面的共模失效,而使控制棒不能插入堆芯。

在20世纪70年代,未紧急停堆的预期瞬变得到进一步的重视。1973年,美国核管会的报告认为,未紧急停堆的预期瞬变事故在安全分析中应予以考虑。继之,在美国西屋公司发表的资料中,得出了未紧急停堆的预期瞬变事故发生概率很小,且后果也不太严重的结论。1977年,美国西屋公司又建议在发生该事故时要区分有汽轮机停机和要启动辅助给水系统的不同情况。1978年,美国核管会确定了出现未紧急停堆的预期瞬变事故的情况下应遵循的准则,并要求核电厂执照申请者在安全分析报告中将未紧急停堆的预期瞬变事故按第八类事故送审,而且要求增加未紧急停堆的预期瞬变缓解线路,确保在发生未紧急停堆的预期瞬变事故时汽轮机停机和辅助给水自动投入。

1979年三哩岛事故后,未紧急停堆的预期瞬变被列为“尚未解决的安全事项”之一,当时对未紧急停堆的预期瞬变作了细致的研究。1983年2月美国Salem核电厂连续发生两起未紧急停堆的预期瞬变事件，使核工程界为之震惊。为此，美国专门组织并进行了详细的调查和分析。至此，未紧急停堆的预期瞬变事故进程和性质已大体清楚。此后，美国核管会肯定了未紧急停堆的预期瞬变缓解线路的必要性，同时要求所有核电厂根据现有仪器和设备制定一个未紧急停堆的预期瞬变缓解恢复的应急运行规程(EOP)。

在美国研究未紧急停堆的预期瞬变的同时，其他国家也进行了研究。1977 年法国成立了一个 CEA-EDF-FRA 专家组，研究了美国有关资料，评价了美国 NRC 有关未紧急停堆的预期瞬变的考虑，并针对法国核电厂的特点进行了具体分析计算。最后，该专家组得出如下结论：同意美国核管会有关未紧急停堆的预期瞬变的意见和要求。对核电厂的分析计算结论与美国西屋公司的相似。

现在，各国研究的一致结论是，只要加装一条从探头输出开始直至动作部件的独立触发辅助给水投入和汽轮机停机的逻辑系统(即未紧急停堆的预期瞬变缓解线路)，未紧急停堆的预期瞬变的后果是可以接受的。当然，监督停堆或辅以手动仍是操纵员进入应急状态的第一个行动，若手动停堆失效，则手动注硼可以确保实现化学控制停堆。

未紧急停堆的预期瞬变事件可分为三种类型。第一类是由丧失一次侧热量排出能力引起的事件组成，属于这一类的事故有：

(1) 部分丧失流量；

(2) 丧失外电源；

(3) 反应堆冷却剂系统的偶然降压。

其中，最有特点的事件是丧失外电源。

第二类未紧急停堆的预期瞬变事件是由反应性骤增而引起的，包括：

(1) 不可控的硼稀释；

(2) 次临界状态下控制棒抽出；

(3) 功率运行状态下控制棒抽出；

(4) 落棒；

(5) 失效环路的启动。

其中，功率运行状态下控制棒抽出是最有特点的事故。

最后，第三类未紧急停堆的预期瞬变事件是由丧失二次热阱而引起的，包括：

(1) 丧失给水；

(2) 丧失负荷。

其中，丧失负荷是这类未紧急停堆的预期瞬变事件中最有特点的事故，也是整个未紧急停堆的预期瞬变事件中最典型最有特点的事故。

完成了对未紧急停堆的预期瞬变事件进行的瞬变分析，以对偏离泡核沸腾比和反应堆冷却剂系统压力进行评价。在丧失给水和丧失负荷的情况下，偏离泡核沸腾比随时间延长而增大。因此，反应堆冷却剂系统的峰值压力是所关心的参数。对于反应堆冷却剂系统的偶然降压，偏离泡核沸腾比是人们关心的安全限值。大多数未紧急停堆的预期瞬变事件导致在反应堆冷却剂系统中产生的热量的速率快于它能从二回路系统中排出的热量的速率。这将引起反应堆冷却剂系统的升温并有水膨胀进入稳压器。反过来又导致压力瞬变。这个反应堆冷却剂系统压力升高正是大多数未紧急停堆的预期瞬变事件的限制参数。所以缓解未紧急停堆的预期瞬变事件结果的最重要的特点之一是靠稳压器卸压阀和安全阀限制压力上升的能力。

如前所述，最有特点的未紧急停堆的预期瞬变事件是丧失负荷。表 5-2-1 中给出了可能的事件后果。始发事件是在 100% 功率水平下，由于丧失冷凝器真空而引起的丧失负荷（汽轮机停机）。

**表 5-2-1　某核电厂丧失负荷引发的 ATWS 事件时间序列**

| 序号 | 项　　目 | 时间/s |
|---|---|---|
| 1 | 汽轮机停机与主给水泵停泵 | 0 |
| 2 | 汽轮机停机引起反应堆停堆信号 | 0 |
| 3 | 稳压器卸压阀(PORV)开启释放蒸汽 | 5 |
| 4 | 出现稳压器高压力停堆(定值点)信号 | 6.4 |
| 5 | 出现超温 $\Delta T$ 停堆(定值点)信号 | 8.4 |
| 6 | 蒸汽发生器安全阀开启 | 11 |
| 7 | 所有辅助给水泵开始向所有蒸汽发生器供水 | 60 |
| 8 | 稳压器充水，出现稳压器高水位停堆(定值点)信号 | 99 |
| 9 | 稳压器安全阀开启(排出水) | 99 |
| 10 | 蒸汽发生器传热管无有效覆盖 | 110 |
| 11 | RCS 达到压力峰值(20.51 MPa) | 120 |
| 12 | RCP 假设出现汽蚀($T_c \leqslant 6$ ℃，在饱和温度之下) | 165 |
| 13 | 稳压器安全阀关闭 | 175 |
| 14 | 稳压器 PORV 关闭 | 250 |
| 15 | 堆达到临界 | 450 |
| 16 | 一回路压力开始从 10.83 MPa 缓慢上升 | 560 |
| 17 | 堆芯功率为 6%，RCS 压力为 10.89 MPa | >600 |
| 18 | 稳压器水位为 15%～20% | >600 |
| 19 | 蒸汽发生器传热管无有效覆盖 | 67 |
| 20 | 稳压器 PORV 开启(放汽) | 72.5 |
| 21 | 稳压器充水 | 85 |
| 22 | 稳压器安全阀关闭 | 87 |
| 23 | 蒸汽发生器安全阀关闭(通过汽动泵放汽) | 91.5 |
| 24 | RCS 压力峰值到达 | 113 |

注意：在这个事件后果里很多停堆定值点都达到了，但都未使反应堆停闭。换言之，在事故的任何时刻，假设控制棒并没有下插，同时，还得注意，假设丧失冷凝器真空引起汽动主给水泵停运，由于这是一个加热事故，慢化剂温度系数终究会使功率下降至相当于辅助给水泵能力的水平。

图 5-2-1 给出了这个事件的温度瞬变。注意：在瞬变初期，温度开始上升。由于汽轮机停机和丧失给水，突然失去二次热阱和缺少过冷的给水而导致二回路温度和压力立即上升（从而，反应堆冷却剂系统温度和压力上升）。在 11 s 时蒸汽发生器安全阀开启，使之温度

能稳定。然而，在事件发生大约 110 s 时，蒸汽发生器传热管开始裸露，从一回路向二回路的传热下降，该效应持续到冷的应急给水的进入，才开始明显增加蒸汽发生器内的传热，并在事故发生大约 200 s 时终止加热。

图 5-2-2 给出了热流一开始就从堆芯降下来了，这是由于加热使温度升高，负慢化剂温度系数引入了负反应性，因而驱使反应堆功率下降。在瞬变约 20 s 时，热流持平是由于蒸汽发生器安全阀开启而引起的暂时温度稳定效应的结果。然而，正如先前所讨论的那样，这段“坪”是很短的，并随蒸汽发生器开始变干。加热再使堆功率下降，进而热流下降，堆芯的核功率及热流最终稳定在一个等于辅助给水系统能力的数值上。一台汽动辅助给水泵和两台电动辅助给水泵能提供大约相当于 7%～8% 功率的流量。

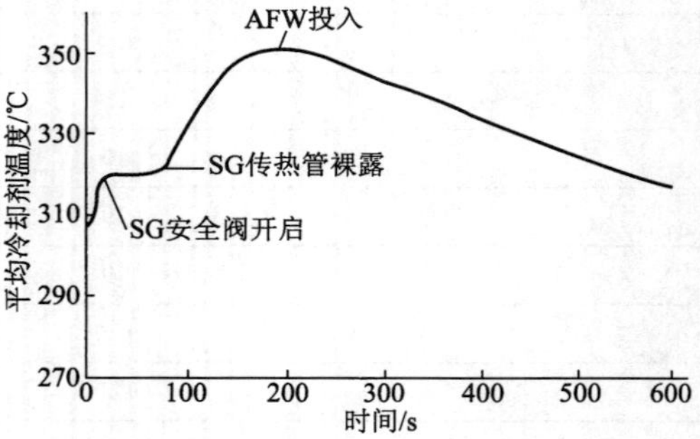


图 5-2-1 丧失负荷的 ATWS(Ⅰ)

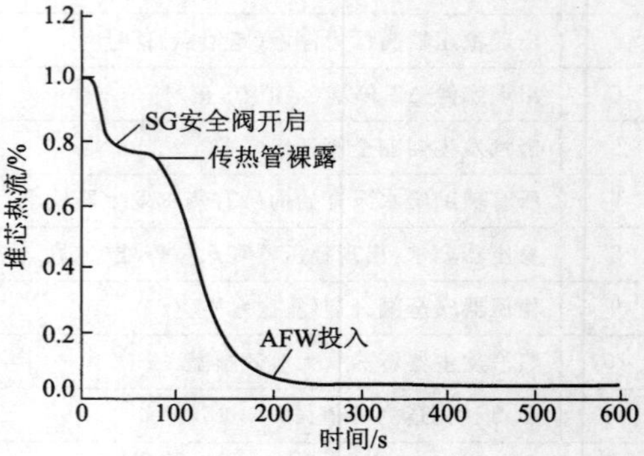


图 5-2-2 丧失负荷的 ATWS(Ⅱ)

在这一点上，反应堆等于由蒸汽发生器安全阀提供的蒸汽需要，并且反应堆在这点附近维持临界(忽略瞬变振荡)。蒸汽发生器不能被辅助给水系统所覆盖，而辅助给水在进入蒸汽发生器之后，立即闪蒸成蒸汽。这种情况一直持续到操纵员下插控制棒或注入硼液才能将反应堆停闭。

正如所讨论的那样，这种瞬变的最大特点是反应堆冷却剂压力变化，这种事件的实际压力瞬变见图 5-2-3。

压力瞬变基本上跟从反应堆冷却剂系统的温度。由于汽轮机停机引起稳压器压力快速增加，稳压器的卸压阀在 5 s 时开始开启，压力继续上升直到稳压器安全阀的定值点(瞬时打开)，在那时刻，能觉察到蒸汽发生器安全阀的效果。稳压器的卸压阀在降低和维持核电厂压力直到蒸汽发生器于 110 s 干锅为止都是有效的。这种较大的加热会导致稳压器充水在约 99 s 时变成水实体。这样通过安全阀排放水就发生了，并且阀门在卸压方面不那么有效。因而，压力持续上升直至应急给水系统能增加蒸汽发生器传热，降低加热速率，并使稳压器安全阀赶上反应堆冷却剂系统冷却剂的膨胀为止。只有这样反应堆冷却剂系统的压力才确确实实地开始下降。

图 5-2-4 给出了这种瞬变中稳压器的水容积的变化，它基本上遵从像所期望的 $T_{avg}$ 瞬变。

注意：在瞬变过程中稳压器在 99 s 直至约 270 s 之间为水实体。

正如先前讨论所见，对丧失负荷的未紧急停堆的预期瞬变事件，指望蒸汽发生器的安全阀和应急给水系统来重新建立传热并终止一次系统加热。稳压器进入水实体，并且从安全阀排放水就发生了。

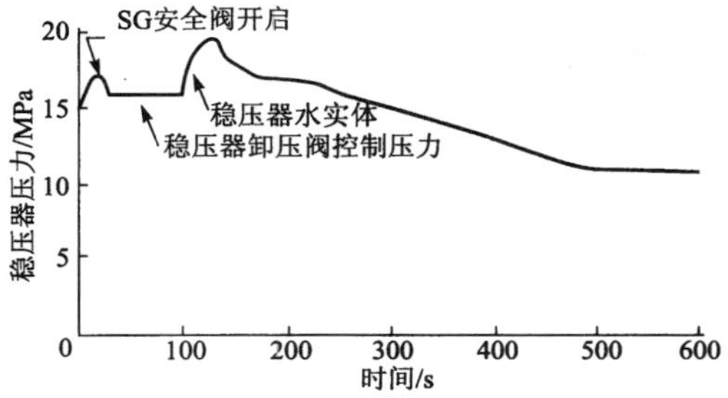


图 5-2-3　丧失负荷的 ATWS(Ⅲ)

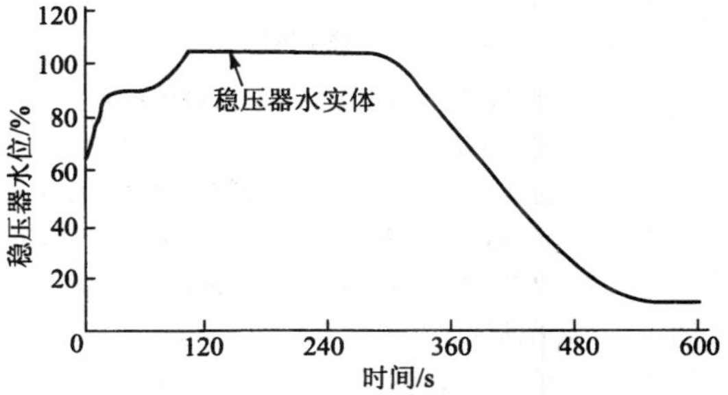


图 5-2-4　丧失负荷的 ATWS(Ⅳ)

对于像所分析的这种瞬变，稳压器卸压箱会充水并有可能将爆破膜冲破。尽管压力在很短的时间间隔里会超过设计限值的 110%，但它仍然能维持在强度应力限值 22.06 MPa 之下。

其他的未紧急停堆的预期瞬变事件的分析基本上都采用同样的思路，大多数情况下，一回路加热产生，因此压力也上升。然而，其他一些事件都不会像刚刚分析过的情况那么严重。在这种情况下，DNBR 在整个瞬变过程中是在增加的，这是由于高功率时，有高压力的缘故，在所有未紧急停堆的预期瞬变事件里的 DNBR 都会保持在设计限值之上(≥1.30)。

一般情况下，未紧急停堆的预期瞬变事件可以通过采取以下正确的动作得以缓解：

(1) 提供运行人员运行导则，以指导其在未紧急停堆的预期瞬变事件时操作；

(2) 通过培训提供运行人员以背景材料和依据，以利于他们去分析未紧急停堆的预期瞬变事件；

(3) 提供多样的动力线路以确保汽轮机停机和辅助给水泵启动；

(4) 提供安全壳隔离以限制在未紧急停堆的预期瞬变事件发生时放射性向外释放。

FRP－S.1 应急运行规程是一个功能恢复规程，用它来处理 ATWS 事件。一般是在核电厂需要停堆或安注时，若检查反应堆尚未停堆时，进入此规程，见表 5-2-2。

**表 5-2-2　应急运行规程 FRP－S.1**

| 步骤 | 指　　令 | 相应的应急动作 |
|---|---|---|
| 1 | 确认反应堆停堆<br>• 控制棒到底指示灯——亮<br>• 停堆及旁路断路器——断开<br>• 棒位指示器——零<br>• 核功率(通量)——下降 | 若未停堆，则手动停堆；<br>若仍未停堆，则手动插棒 |
| 2 | 确认汽轮机停机<br>• 所有截止阀——关闭 | 若未停机，则手动停机；<br>若仍未停机，则手动快速降负荷；<br>若不能快速降负荷，则关闭诸 MSIV 及其旁路阀 |
| 3 | 核查辅助给水泵运行情况<br>a. 电机驱动 AFW 泵——运行<br>b. 汽轮机驱动 AFW 泵——运行 | a. 若未运行，手动启动<br>b. 若未运行，手动打开供汽阀 |

续表

| 步骤 | 指　　令 | 相应的应急动作 |
|---|---|---|
| 4 | 应急加硼<br>a. 接通输送硼酸至上充泵汲入口的线路:<br>• 经应急加硼阀 8104<br>• 经阀 FCV－113 通过硼酸混合器的正常线路<br>• 由 RWST 经阀 LCV－115B 或 LCV－115D<br>• 经阀 FCV－114A 从 VCT 顶部进入(有约 10 min 的时间延迟)<br>• 经备用的应急加硼阀 8349——就地打开<br>b. 核查含硼水进入上充泵汲入端<br>c. 接通输送上充流到 RCS 线路:<br>• 经阀 HCV－8146 的正常上充<br>• 经阀 HCV－8147 的备用上充<br>• 输送 RCP 的密封水输送线路<br>• 经阀 HCV－8145 至稳压器的辅助喷淋管线<br>d. 检查 RCS 压力——小于 16.1 MPa | d. 否则执行下列操作:<br>• 打开稳压器卸压阀(PORV)和截止阀至 RCS 压力小于 16.1 MPa<br>• 核实安全壳通风系统隔离,若隔离挡板未关闭,则手动关闭 |
| 5 | 检查下列停闭是否实现<br>a. 反应堆停堆<br>b. 汽轮机停机 | a. 若未停堆,派操纵员就地停堆<br>b. 若未停机,派操纵员就地停机 |
| 6 | 确认 AFW 流量——大于 3 028.3 L/min | 否则,启动 AFW 泵,调整阀门 |
| 7 | 确认所有稀释通道——隔离 | 否则,手动隔离稀释通道 |
| 8 | 检查 RCS 不可控冷却而引入的正反应性<br>• RCS 温度低于 260 ℃并在下降,或<br>• 任一 SG 压力低于 5.52 MPa 并在下降 | 若没有不可控冷却,则转向第 12 步 |
| 9 | 检查 MSIV 和旁路阀——关闭 | 若未关闭,则手动关闭阀门 |
| 10 | 识别有故障的 SG<br>检查 SG 压力<br>• 任何 SG 在不可控地降压<br>• 任何 SG 已完全失压 | 若无,则转至第 12 步 |
| 11 | 隔离有故障的 SG<br>a. 隔离给水<br>b. 隔离通向故障的 SG 的 AFW<br>c. 核查 SG 的 POPV——关闭<br>d. 关闭通向汽轮机驱动 AFW 泵的供汽阀 | 否则,就地隔离到 SG PORV 的气源 |

续表

| 步骤 | 指　　令 | 相应的应急动作 |
|---|---|---|
| 12 | 确认堆处于次临界<br>a. 功率量程通道——<5%<br>b. 中间量程通道——负的启动率<br>注意：在下列情况时停止注硼<br>• 已获得足够的停堆深度，或<br>• 堆处于次临界且任何不可控地冷却已终止 | 否则，继续注硼。若注硼失效，则允许 RCS 加热升温。执行其他功能恢复规程的动作，但这些不会冷却降温或向堆芯添加正反应性。一直到堆加硼至次临界后才继续往下进行 |
| 13 | 返回并执行其他规程 | |

注：此规程引自美国 Shearon Harris 核电厂。

# 5.3　蒸汽发生器传热管破裂事故(SGTR)

## 5.3.1　蒸汽发生器传热管破裂事故概述

从世界各国压水堆核电厂的运行经验来看，蒸汽发生器传热管破裂事故是核电厂发生频率较高的事故之一。

蒸汽发生器是核电厂的重要设备，它既是一回路设备，又是二回路设备，是一回路和二回路结合点，承担一、二回路能量传递任务。蒸汽发生器既面对一回路高温、高压工作流体条件，又面对二回路水质恶劣工作条件，因为蒸汽的连续产生致使二次侧的杂质、盐分和泥渣的浓集，因此带来了运行和安全的复杂性，恶劣的工作环境造成了传热管的泄漏和破裂。另外，蒸汽发生器的传热管是一回路实际的压力边界的一部分(尽管技术规范不将传热管列为一次压力边界)。对于一台电功率为 300 MW 的蒸汽发生器，它大约具有 5 000 根传热管，因此发生个别传热管破裂的可能性是很大的，再加上其壁厚大约为 1.0 mm，因此它又是一个薄弱环节。从世界上已经运行的压水堆核电厂所发生的主要事故来看，也以蒸汽发生器传热管破裂发生频率为最高，虽然核工业界已经作了许多努力，企图减少这类事故，例如，二次侧和管子检查，改进蒸汽发生器设计，改善水化学控制等。但是，无论怎样，蒸汽发生器传热管破裂事故仍然是压水堆核电厂最可能发生的事故之一。截至 1987 年 9 月，美国发生 5 次因蒸汽发生器传热管破裂事故导致安注投入和紧急停堆，事故发生概率高达 $10^{-3}$/堆·年。法国的蒸汽发生器发生一根传热管破裂的频率为 $6\times10^{-3}$/堆·年，而发生小泄漏事故的概率高达 $4.8\times10^{-2}$/堆·年。1991 年 2 月 9 日，日本美滨 2 号机也发生了一起严重的蒸汽发生器传热管破裂事故，这是日本核电厂投入运行 20 多年来，第一次启动了应急堆芯冷却系统。

对于蒸汽发生器传热管破裂事故，如果干预及时，处理正确，后果不会那么严重，可能只会有少量带有放射性的一次冷却剂排向大气。因此，研究蒸汽发生器传热管破裂事故的进程，操纵员何时干预、如何干预等，是很重要的。

在处理蒸汽发生器传热管破裂事故操作中，必须注意到如下事实：尽管操纵员采用的是同样的应急操作规程，引入的事故大小也相同，但是，不同操纵员可以处理出极为不同的结果，即有的可以较早地终止泄漏，有的却会造成蒸汽发生器满溢。也就是说，有了应急操作规程，还必须有一个如何使用和及时正确操作的问题。

### 5.3.2 蒸汽发生器传热管破裂事故的瞬变过程

表 5-3-1 给出了蒸汽发生器传热管破裂的初始条件。

表 5-3-1 蒸汽发生器传热管破裂的初始条件

| | | |
|---|---|---|
| 初始条件 | 燃耗 | 寿期初(BOL) |
| | 平均温度 $T_{avg}$ | 303 ℃ |
| | 反应堆冷却剂系统(RCS)压力 | 15.4 MPa |
| | 反应堆功率 | 100%满功率 |
| | 其他 | 离心式上充泵运行，受影响的蒸汽发生器的水位和蒸汽流量在图 5-3-1 中以曲线②表示 |

始发事件：1 号蒸汽发生器传热管破损流量为 2 653 L/min。

图 5-3-1 给出了蒸汽发生器传热管破裂的瞬变曲线。

### 5.3.3 蒸汽发生器传热管破裂事故的应急运行规程

(1) 处理蒸汽发生器传热管破裂事故的应急运行规程由 7 个部分组成：

E－3 规程——蒸汽发生器传热管破裂事故的入口规程；

ES－3.1，ES－3.2，ES－3.3——蒸汽发生器传热管破裂事故的子规程；

ECA－3.1，ECA－3.2，ECA－3.3——有关概率较小的蒸汽发生器传热管破裂事故的操作规程。

其中：

ES－3.1 为蒸汽发生器传热管破裂后采用反充冷却；

ES－3.2 为蒸汽发生器传热管破裂后采用排污冷却；

ES－3.3 为蒸汽发生器传热管破裂后采用蒸汽排放冷却；

ECA－3.1 蒸汽发生器传热管破裂同时发生反应堆冷却剂丧失时——过冷恢复；

ECA－3.2 蒸汽发生器传热管破裂同时发生反应堆冷却剂丧失时——饱和恢复；

ECA－3.3 没有稳压器压力控制下的蒸汽发生器传热管破裂。

(2) E－3 规程——蒸汽发生器传热管破裂事故的入口规程

① 何时转入 E－3?

在执行应急操作规程的任何时候如有以下现象：

- 二次侧放射性异常；
- 任何蒸汽发生器液位不可控制上升；

即可转入蒸汽发生器传热管破裂事故的入口规程 E－3。

② E－3 主要目标和主要操作步骤

a. E－3 主要目标是达到终止一次侧向二次侧的泄漏，建立并维持足够的一次冷却剂装量和堆芯一定的过冷度。

b. E－3 主要运行操作：

- 识别并确认破损的蒸汽发生器；

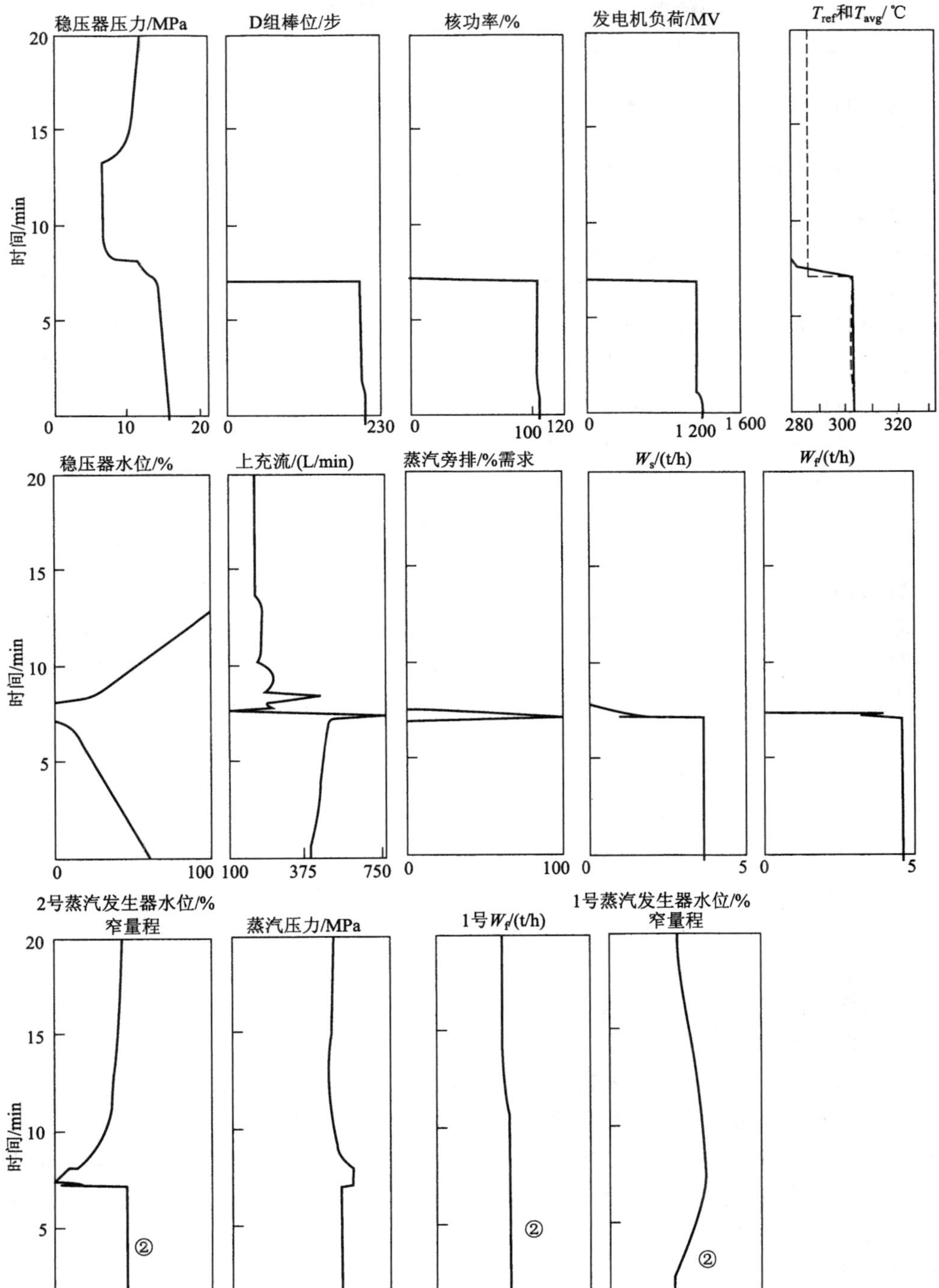


图 5-3-1 蒸汽发生器传热管破裂瞬变

- 冷却以建立反应堆冷却剂系统过冷裕度；
- 使反应堆冷却剂系统降压以恢复冷却剂装量；
- 终止安注以停止一回路向二回路的泄漏；
- 为冷却到停堆状态作准备。

## 5.3.4 操纵员及时干预下的蒸汽发生器传热管破裂

### 5.3.4.1 操纵员对蒸汽发生器传热管破裂事故及时干预的重要性

蒸汽发生器传热管破裂事故与其他一些事故，如失水事故不同，失水事故不需要操纵员做太多的干预，它只要求操纵员确认核电厂保护系统应该有响应，如是否已经停堆，是否已经停机，安注是否启动等。而蒸汽发生器传热管破裂却不同，在蒸汽发生器传热管破裂事故发生后，如果操纵员能及时按照应急规程作出应有的响应，及时识别有破管的蒸汽发生器并将其隔离，及时对反应堆冷却降压，及时终止安注，从而终止泄漏，就可能不会有多大的后果。但如果操纵员不能及时作出正确响应，那么蒸汽发生器传热管破裂事故的后果也可能是相当严重的，下面具体说明蒸汽发生器传热管破裂可能产生的后果。

(1) 带有放射性的反应堆冷却剂可能通过二次侧的卸压阀、安全阀直接排放到环境中去。

众所周知，1979 年 3 月 28 日，美国发生了震惊整个核工业界的三哩岛堆芯熔化事故。在最后的调查报告中给出了这样的结论，即事故对环境的放射性释放是可以忽略不计的，虽然堆芯发生了熔化事故，放射性释放的第一道屏障破坏了，大量的裂变碎片和裂变气体从元件中释放出来，进入了反应堆冷却剂中，然后这些强放射性的裂变产物，又随反应堆冷却剂通过不能正常回座的稳压器卸压阀流入卸压箱，后又因连续的反应堆冷却剂流入卸压箱，致使其超压，引起卸压箱的爆破盘破裂，大量的带有强放射性的反应堆冷却剂又流进了安全壳。至此，可以说放射性释放的第二道屏障，一次压力边界实际上失效了，当然冷却剂不是通过正常的一次压力边界损坏而释放进安全壳的。但幸运的是放射性释放的第三道屏障——安全壳完好无损，它将带有放射性的反应堆冷却剂全部容纳在内，并隔离了与外界相通的管线(安全壳隔离)，因此，这么大的堆芯熔化事故，却对环境影响如此之小，完全是靠了安全壳。

正如前面所述，虽然在技术规范的定义中不将蒸汽发生器的传热管列为一次压力边界，这是因为规范制定的需要，但实际上是一次压力边界，是放射性释放的第二道屏障，如果发生了蒸汽发生器传热管破裂事故，这意味着反应堆的第二道放射性屏障失效，带有放射性的反应堆冷却剂就会通过破口流入蒸汽发生器的二次侧。虽然蒸汽发生器置于安全壳内，但蒸汽发生器的蒸汽出口管线却是穿过安全壳，将蒸汽引入汽轮机厂房的。因此，作为放射性释放的第三道屏障——安全壳，对蒸汽发生器传热管破裂事故是不起作用的，也就是说发生了蒸汽发生器传热管破裂事故后，带有放射性的反应堆冷却剂，就可以毫无阻挡地直接进入蒸汽管线、汽轮机、冷凝器。因此，如果不能及时终止这种漏流，蒸汽管线上的安全阀和卸压阀也可能开启，又会将带放射性的反应堆冷却剂直接排向环境。

(2) 破损的蒸汽发生器可能会满溢，它可能会更加剧事故的放射性释放后果，也可能进一步引发其他事故。

操纵员如果不能及时隔离带有破损传热管的蒸汽发生器，及时隔离它的给水，不能终止泄漏，就有可能会使蒸汽发生器很快满溢，大量的放射性水流进蒸汽管线，而蒸汽管线上的安全阀是只按照排气条件设计的，对于水或汽水混合物，安全阀的工作性能会变得很坏，它的压力设定点一般就不准了，它的回座失效率也会大大增加。根据法国概率安全分析报告所提供的资料（见表 5-3-2），它的回座失效率为 0.1，而美国核电厂年发生的蒸汽发生器传热管破裂事故，由于蒸汽发生器安全阀因排水而不能正常回座的时间长达 50 min 之久。试想，如果漏流不能终止，蒸汽发生器安全阀又不能回座，为了维持反应堆冷却剂系统的压力，安注泵又不能停止，那么将会有大量的换料水箱的水通过传热管破口、通过安全阀排失，这样就会失去安全壳再循环冷却的能力。大量的冷却水进入蒸汽管线还可能造成其他管线损坏等后果。

表 5-3-2 给出了蒸汽发生器安全阀动作概率。

**表 5-3-2　蒸汽发生器安全阀动作概率**

| | | |
|---|---|---|
| 提前开启 | 0.5 | 注：卸压阀开启前开启 |
| 回座失效 | 0.1 | |

### 5.3.4.2　蒸汽发生器传热管破裂瞬变

(1) 厂外电源可用时的蒸汽发生器传热管破裂瞬变

① 反应堆冷却剂漏失

蒸汽发生器传热管破裂事故发生后，因为反应堆冷却剂系统压力（正常为 15.4 MPa）要比蒸汽发生器二次侧的压力（名义上是 6.98 MPa）高出许多，因此反应堆冷却剂会通过传热管的破口漏向蒸汽发生器的二次侧，蒸汽发生器传热管破裂只是反应堆冷却剂漏失事故的一个特例，它不是直接漏入安全壳，而是漏入蒸汽发生器，因此它与其他反应堆冷却剂丧失事故一样，有明显的反应堆冷却剂系统泄漏征状。

a. 稳压器压力因冷却剂丧失而降低，稳压器的备用电加热器开启。

b. 上充流超正常值，稳压器液位或能维持，或不能维持。如果漏量超过了化学和容积控制系统的补给能力，反应堆冷却剂的装量就会持续减少。

c. 由于反应堆冷却剂系统压力降低，使得保护燃料元件表面防止烧毁的 $\Delta T_{OT}$ 设定点降低，自动快速降负荷，控制棒跟随下插。

② 蒸汽发生器二次侧放射性异常

由于被污染的反应堆冷却剂漏入蒸汽发生器的二次侧，将造成二次侧的放射性异常，这是蒸汽发生器传热管破裂特有的征状。现有的蒸汽发生器通常在其排污系统，冷凝器抽气系统或主蒸汽管线上设置放射性监测仪器仪表，在蒸汽发生器传热管破裂事故发生后，这些监测仪器仪表就会提供高于本底的放射性读数，发出高放射性报警，报警时间的早晚取决于流体到放射性监测器所需的传输时间，从以往所发生的蒸汽发生器传热管破裂事故中发现，放射性报警几乎与稳压器低水位同时出现，这为蒸汽发生器传热管破裂事故的诊断提供了确切的依据。

③ 蒸汽发生器水位异常、给水流量与蒸汽流量不匹配

由于反应堆冷却剂系统通过破口漏到有关的蒸汽发生器二次侧，致使其水位升高偏离正常值，给水系统为补偿漏流，将会自动减少给水，以维持蒸汽发生器的水位，因此，可以看

到该蒸汽发生器的给水流量要小于它的蒸汽流量，并给出蒸汽流量与给水流量失配的报警信号，这也为及早诊断出蒸汽发生器传热管破裂事故，并确定是哪台蒸汽发生器发生了蒸汽发生器传热管破裂事故提供了又一判据。在蒸汽发生器传热管破裂小泄漏事故中，上述征状也许不明显，因为正常的给水流量和蒸汽流量相对来说是大得多的，给水调节能力也很强，因此水位的变化与给水流量和蒸汽流量的差异也可能很难看出。

④ 反应堆冷却剂持续泄漏可能引起停堆

反应堆冷却剂持续泄漏可能使反应堆因反应堆冷却剂系统低压力而停堆，或冷却剂温升超过 $\Delta T_{OT}$ 设定点而停堆。

⑤ 停堆后可能触发安注

反应堆停堆后（系统温度降至无负荷温度），反应堆冷却剂因降温而收缩，再加上泄漏和稳压器低水位为防止电加热器被烧坏而自动关闭（同时下泄隔离），因而稳压器压力下降得更快了，在反应堆停堆后不久，即有可能因稳压器低压力触发安注系统动作。

⑥ 安注启动后反应堆冷却剂系统和二次侧的有关响应

a. 安注触发后，自动隔离主给水，启动辅助给水系统，并向所有的蒸汽发生器供水，此时，要求操纵员手动控制给水流量，以维持蒸汽发生器的窄量程水位。

b. 由于反应堆停堆，冷却剂收缩，加上漏流，因此，在安注启动时，稳压器的液位通常是超量程的低。假如安注能力低于漏流和冷却剂收缩造成的结果，则稳压器的液位还会继续下降，稳压器的压力也会继续下降，如对于多根传热管破损事故，反应堆冷却剂系统的压力可能会低于系统的饱和压力。相反，如果安注能力超过了漏流和冷却剂收缩的总和，则稳压器的液位和压力将会回升，直到达到平衡。平衡时的反应堆冷却剂系统压力取决于破口的大小，安注能力和反应堆冷却剂冷却的速率，平衡时安注流正好能够补偿破口的损失。对于破口较小的蒸汽发生器传热管破裂，高压安注的投入可能使稳压器的水位上升到相当高的位置。然而，更多的情况是稳压器的水位会回到量程范围以内，但仍低于它的正常值。有些核电厂用模拟机对蒸汽发生器传热管破裂进行的模拟，在高压安注后，会使稳压器满溢，这是不大可能的。

⑦ 操纵员的第一个干预操作

识别具有破管的蒸汽发生器并进行隔离。操纵员根据二次系统放射性异常和蒸汽发生器水位异常，给水流量和蒸汽流量之间的不匹配等现象，及时诊断出有破管的蒸汽发生器，为操纵员的第一个干预动作作准备，一旦识别了有破管的蒸汽发生器，就要对该蒸汽发生器进行隔离操作。隔离操作步骤如下：

a. 隔离该蒸汽发生器的所有出口：

- 关闭主蒸汽隔离阀
- 关排污管线阀
- 关闭汽动辅助给水泵的供汽阀
- 适当调高蒸汽发生器管线的释放阀的压力定值

b. 为防止满溢，及早关闭辅助给水泵对该蒸汽发生器的供水，减少给水在蒸汽发生器内的积累，延长其达到满溢的时间。当有破口的蒸汽发生器的窄量程水位达到高于15%时，即刻关闭对它的辅助给水。

当有破管的蒸汽发生器被隔离以后，由于反应堆冷却剂系统仍在不断地向二次侧漏流，因此它的压力会呈上升趋势。

⑧ 操纵员的第二个干预操作

用完好的蒸汽发生器尽快地冷却反应堆冷却剂系统，使冷却剂的温度下降到相当于有破管的蒸汽发生器压力下的饱和温度以下，通常需要的过冷度是22 ℃。然后再用稳压器喷淋来降低反应堆冷却剂系统的压力，使反应堆冷却剂系统的压力与已经隔离的蒸汽发生器的压力相等，以终止漏流。因为一次侧向二次侧的漏流是由于它们之间存在压差造成的，只有尽快使反应堆冷却剂系统与二次侧压力平衡，才能终止泄漏，而反应堆冷却剂系统的降压又必须在首先降温的基础上进行。

在厂外电源可用的情况下，冷却剂系统的快速降温是完全可以实现的，可以通过完好的蒸汽发生器排放蒸汽到冷凝器或用其卸压阀排放蒸汽到大气。反应堆冷却剂系统的压力也会因为冷却剂的收缩而下降一些，但最后的降压要靠稳压器的正常喷淋或间歇打开卸压阀或采用辅助喷淋来实现。

⑨ 操纵员的第三个干预操作

及时终止安注。只有及时终止安注才能真正全部地终止漏流。

过量的安注会增加漏流，因为过量的安注会使系统压力升高，因此，当反应堆冷却剂系统满足一定条件后，就可以终止安注。终止安注的条件是：

a. 有足够的冷却剂装量（稳压器内液位在量程以内一定值，各电厂的技术规程均有规定）并还要有一定的“余量”。因为一旦安注终止，反应堆冷却剂系统还在继续向二次侧泄漏，这部分的冷却剂装量余量是用来补偿漏流终止前的那部分冷却剂漏失的，余量的大小取决于当时反应堆冷却剂系统与二次侧之间的压力差值，差值越大要求的“余量”越多。如何最有效快速地恢复反应堆冷却剂系统的冷却剂装量，并使其有一定的“余量”，达到安注终止的条件呢？研究分析表明，先冷却反应堆冷却剂系统，直到它达到应该有的温度条件后，再通过稳压器喷淋来降低反应堆冷却剂系统的压力。这种操作模式要比边冷却、边降压的操作模式对于再充稳压器要好得多。喷淋降低反应堆冷却剂系统压力会使安注流量增大，因为安注泵的出口压力相对于反应堆冷却剂系统的压差增加了，反应堆冷却剂系统降压后也会因为一次侧相对二次侧的压差减少而使蒸汽发生器的漏流减少。因而稳压器的液位就会很快上升。反应堆冷却剂系统的冷却会使系统压力下降，安注流增加，漏流减少，但由于冷却造成了冷却剂收缩，因而，总的效果对稳压器液位的影响不明显。

由于稳压器液位或冷却剂装量是安注量、漏流量和冷却剂收缩的总效果，它们之间又有相互的关系，很难一下说清楚上述两种不同的操作方式所得到的不同的稳压器液位的响应，但分析验证了上述结果，所以在反应堆冷却剂降温降压过程中，一定要遵循先冷却，而后再降压的操作模式，以便及早再充稳压器，及早终止安注，进而及早终止泄漏。对于多根管子破裂事故也许在稳压器水位回到量程以内以前，反应堆冷却剂系统的压力已降到有破管的蒸汽发生器压力之下，有破管的蒸汽发生器的二次侧会向反应堆冷却剂系统倒流，安注流量会帮助再充稳压器。对于小的蒸汽发生器传热管破裂事故，也可能不需要考虑恢复冷却剂装量问题。

b. 反应堆冷却剂有足够的过冷度（技术规格书中有规定）。

在满足上述两个条件后，就可以终止安注。当然还有另外两个条件：

- 二次热阱可用

• 系统压力稳定或增加

但通常只有后两个条件满足时，才会有前两个必要条件的满足。

终止安注以后，反应堆冷却剂系统压力才能逐渐趋向有破管的蒸汽发生器压力，最后达到一次侧和二次侧的压力相等，从而终止泄漏。虽然安注终止前也可以通过喷淋使反应堆冷却剂系统降压，使反应堆冷却剂系统和二次侧压力相等，但由于终止安注条件没有满足，不能终止安注，压力又会升高，漏流则会继续，因此，只有将安注终止了，那时漏流才会终止。

⑩ 选择下述一种合适的方式进一步将反应堆引向冷停堆

泄漏终止以后，下一步是如何将反应堆引向冷停堆，以便进行检修，根据美国西屋公司提供的应急操作规程，可以有三种蒸汽发生器传热管破裂后的冷却方法。

a. 反流方法：控制反应堆冷却剂系统的压力低于有破管的蒸汽发生器的二次侧压力，让有破管的二次冷却剂反流进反应堆冷却剂系统，再用辅助给水泵向有破管的蒸汽发生器供水，这样来进行有破管的蒸汽发生器的冷却。

反流方法不会造成对环境的污染，但是缺点是二次系统冷却剂可能对反应堆冷却剂系统的设备有化学影响，另外也可能造成对反应堆冷却剂系统硼的稀释。不过后一个问题通常不大，因为长期的安注已经使反应堆冷却剂系统的硼浓度相当高，稀释也不会造成停堆深度不够的问题。不过应该进行取样检查和估算。

b. 排污方法：对有破管的蒸汽发生器不断供水，然后通过排污系统排水的方法来冷却有破管的蒸汽发生器。这种方法也不会造成放射性对环境释放的问题，但存在排污系统容量和处理能力大小的问题，如果能力不够，弄不好也会影响其他系统，污染其他系统。

反流和排污这两种方法都有一个共同的缺点，就是冷却过程比较慢，因为受破口大小和排放管线容量大小的限制。

c. 蒸汽排放方法：即通过有破管的蒸汽发生器排放蒸汽来冷却该蒸汽发生器，这种方法很明显会造成放射性对环境的污染，但这种冷却方法最快，有时需要采用这种处理方法，是为了尽快让余热排出系统投入工作，否则可能发生放射性物质通过完好的蒸汽发生器排向大气（因为冷凝器内有放射性）。但如果冷凝器不好用，则用有破管的蒸汽发生器排向大气。美国核管会规定，要求不超过 10CFR20 的限制。另外，如果主蒸汽管线中存在水即蒸汽发生器已经满溢，也不能用蒸汽排放来冷却有破管的蒸汽发生器，那样会引起水锤现象。

在蒸汽发生器漏流终止以后，根据情况也可以三种方法都采用。如先用反流方法，再用排污方法，最后采用蒸汽排放方法。如果多台蒸汽发生器出了问题，也可以对不同的蒸汽发生器同时采用不同的方法来处理。如蒸汽发生器 A 可用反流方法，蒸汽发生器 B 可用排污方法。

(2) 失去厂外电源下的蒸汽发生器传热管破裂瞬变

失去厂外电源与厂外电源可用时的蒸汽发生器传热管破裂事故动态过程和恢复过程基本上是相同的，所不同的只是蒸汽旁排系统、反应堆冷却剂泵和反应堆控制系统因为电源丧失而受到影响，因而需要采用其他设备和控制系统来达到反应堆冷却剂系统冷却，降压并终止泄漏的目的。

① 蒸汽发生器的大气释放代替向冷凝器排放蒸汽

在反应堆紧急停堆、汽轮机紧急停机后，为了维持反应堆冷却剂的无载平均温度，所有的蒸汽旁排阀将打开，通过将蒸汽排放到冷凝器来冷却反应堆冷却剂系统。但在丧失厂外电源和反应堆停堆的情况下，一方面这些阀门不能打开；另一方面冷凝器失去真空不可用。因而正常的蒸汽旁排系统因丧失厂外电源而不能用。此时，反应堆冷却剂系统侧的能量将使蒸汽发生器的压力快速增加，直到蒸汽发生器的大气释放阀打开为止。此时，蒸汽发生器的二次侧压力要比有厂外电源情况时高，因而二次侧相应的温度也高，使得反应堆冷却剂系统向二次侧传热的能力减小（温压减少），反应堆冷却剂系统压力的下降也会相对缓慢。因此，此后的安注启动和所有有关的自动动作都将推迟，失去厂外电源和具有厂外电源的自动动作序列比较见表 5-3-3。

**表 5-3-3 两种情况下自动动作序列比较**

| 事件/信号 | 时间/s | |
|---|---|---|
| | 有厂外电源 | 没有厂外电源 |
| 传热管破裂 | 0 | 0 |
| 反应堆事故停堆信号 | 232 | 232 |
| 所有交流电源丧失 | | 232 |
| 蒸汽旁排运行 | 233 | |
| 汽轮机隔离 | 234 | 234 |
| 安全阀运行 | | 245 |
| 安注信号 | 250 | 386 |
| 主给水隔离 | 257 | 293 |
| 辅助给水泵启动 | 310 | 466 |

注：AFW 可能在全厂断电时就启动，对于典型的四个环路的核电厂，仅仅汽动给水泵在那时启动，而电动泵只有在安注以后再加载到应急柴油发电机上。

② 自然循环冷却方式替代强迫循环冷却方式

全厂断电致使反应堆冷却剂泵丧失电源，反应堆冷却剂系统逐渐转向自然循环，由于反应堆冷却剂在蒸汽发生器内滞留时间增加流速降低，冷段温度趋向蒸汽发生器温度，反应堆冷却剂的温升 $\Delta T$ 因为反应堆停堆而下降，此后又随着自然循环流量的建立而略有增加。没有反应堆冷却剂泵运行，压力容器上封头处将变为死区，在该区域内流体的温度变化要比其他流动的区域缓慢得多。在此后的冷却和降压过程中，该区域很容易形成汽腔。形成汽腔以后会进一步减慢反应堆冷却剂系统的降温降压至冷停堆模式。因此在自然循环过程中，要求按照操作规程一步一步地进行。在上封头形成汽腔后，也会造成稳压器液位快速上升现象，因为上封头的水被蒸汽顶入了稳压器。

在自然循环情况下，对有影响的蒸汽发生器进行隔离以后，冷却完好的反应堆冷却剂系统环路，可能使有影响的环路内冷却剂停滞，因此，在该环路的热段温度会比其他环路内的热段温度高。而安注流注入冷段后，致使停滞环路冷段的温度也大大低于其他区域。

③ 稳压器卸压阀或辅助喷淋代替正常喷淋

反应堆冷却剂泵停运后，正常的稳压器喷淋不能工作，稳压器的压力必须依靠操作卸压阀或采用辅助喷淋来控制，虽然卸压阀能快速降低反应堆冷却剂系统的压力，但它也会引起反应堆冷却剂的额外丧失，它还可能使卸压箱超压，使爆破盘破裂而污染安全壳。辅助喷淋虽不会有冷却剂丧失问题，但它可能引起喷淋管嘴的过大热冲击，从而使其破坏。辅助喷淋只在正常喷淋和稳压器卸压阀都丧失的情况下才可启用。

与有厂外电源情况相同，一旦安注终止就不会有进一步的反应堆冷却剂系统向二次侧的泄漏或不可控的放射性的释放。

即使对于多根传热管破裂事故，保护系统也有足够的能力自动地维持堆芯的冷却，只是对操纵员的要求更高，要求他们能更及时迅速地进行干预，以终止泄漏、防止有破管的蒸汽发生器满溢。

必须指出，虽说每一个蒸汽发生器传热管破裂事故基本上是相似的，但由于破口大小不同，各厂的专用设施不同(如安注能力，操纵员的响应时间)都会对整个瞬态过程起到影响，因此可以说，不同的蒸汽发生器传热管破裂过程又都不会是完全相同的。

#### 5.3.4.3 对蒸汽发生器传热管破裂事故的干预操作

(1) 蒸汽发生器传热管泄漏的分类

从运行角度看，蒸汽发生器传热管的泄漏大致可分为三种情况

① 泄漏量小于技术规范的限值；

② 泄漏量大于技术规范的限值。但小于化容系统的补给能力，化容系统通过自动调节，增加上充流量，可以补偿冷却剂的损失，不会造成停堆；

③ 泄漏量大于化容系统的补给能力，因而稳压器压力降低或达到超温 $\Delta T_{OT}$ 保护定值而自动停堆，继而由稳压器低压力触发安注系统。

(2) 操纵员的干预操作

① 对于第一种情况，操纵员需要随时监督蒸汽发生器的运行和反应堆冷却剂系统的工艺参数，密切注意泄漏量的扩大，但核电厂仍可以继续运行。

② 对于第二种泄漏和自动停堆前的第三种泄漏，如果操纵员根据冷却剂泄漏的征状，二回路放射性异常或蒸汽发生器水位异常等，确定是蒸汽发生器传热管破裂事故时，应该手动降功率直至停堆，尽量避免高功率紧急停堆。

③ 无论是手动降功率至停堆还是自动紧急停堆，停堆后最紧迫的任务是尽快使泄漏终止，阻止放射性物质向二次侧扩散。为此，操纵员必须进行以下的干预操作：识别并隔离故障蒸汽发生器；尽快降低反应堆冷却剂系统压力，使反应堆冷却剂系统压力与有故障的蒸汽发生器的压力相等；及时终止安注，从而最终终止泄漏。

表 5-3-4 给出了美国 Ginna 核电厂发生蒸汽发生器传热管破裂时对有破管的蒸汽发生器的隔离处理。

**表 5-3-4 Ginna 核电厂 SGTR 事故时蒸汽发生器的隔离**

| 时间 | 隔离处理 |
|---|---|
| 9:25 | B蒸汽发生器传热管破裂 |
| 9:28 | 稳压器低压力停堆<br>停止该蒸汽发生器对汽动辅助给水泵的供汽<br>隔离电动辅助给水泵的供水<br>开始对反应堆冷却剂系统进行冷却 |
| 9:40 | 关闭有破管的蒸汽发生器的主蒸汽隔离阀(MSIV) |

#### 5.3.4.4　对蒸汽发生器传热管破裂事故的具体干预

(1) 隔离故障蒸汽发生器

根据应急规程通常按如下次序进行隔离：

① 关闭主蒸汽隔离阀；

② 调高故障蒸汽发生器蒸汽出口管的大气释放阀压力定值，但应低于该蒸汽管线上安全阀的定值；

③ 确认排污隔离；

④ 维持蒸汽发生器液位在 8%～50%，及时停止辅助给水。

如果教条地根据规程操作，不管故障蒸汽发生器的液位有多高，就关闭主蒸汽隔离阀，蒸汽发生器可能会很快满溢，因为冷却剂会不断地从反应堆冷却剂系统侧漏入二次侧。所以在关闭主蒸汽隔离阀之前，一定要减少冷却剂在故障蒸汽发生器内的积累，并及早关闭该蒸汽发生器的辅助给水，最好在蒸汽发生器液位为 20%左右时关闭主蒸汽隔离阀。美国 Ginna 核电厂于 1982 年 1 月 25 日发生蒸汽发生器传热管破裂事故，对隔离主蒸汽隔离阀的处理也是根据情况灵活掌握的。

(2) 反应堆冷却剂系统降温降压

反应堆冷却剂系统快速降温降压，操作程序的选择要综合考虑以下因素：

先降温后降压的含义是将反应堆冷却剂的温度首先快速降到已被隔离的故障蒸汽发生器工质饱和温度以下(美国西屋公司应急操作规程规定，将冷却剂温度降到比饱和温度低 22 ℃)，然后再降压，一直到反应堆冷却剂系统压力等于或接近有故障蒸汽发生器的压力为止，此时压力平衡，泄漏终止，并且反应堆冷却剂还有一定的过冷度。

边降温边降压的含义是反应堆冷却剂温度下降一点就开始降压，如冷却剂过冷度不够，则停止降压，过冷度有余量时再降压，而后又停止，如此反复，一直到反应堆冷却剂的压力趋近故障蒸汽发生器压力。

边降温边降压方法的明显优点是：能及时降低系统压力，减少反应堆冷却剂向二次侧的泄漏，从而延长了故障蒸汽发生器达到满溢的时间，尤其是故障蒸汽发生器满溢将成为主要危险时，这种处理方法更为合适。

但边降温边降压的主要问题是：要求操纵员在边降温边降压的同时，要注意观察反应堆冷却剂的过冷度、系统压力、稳压器液位等，并要及时终止安注，所以这种方法头绪多，容易出现差错，处理不当反而延误了正常操作。边降温边降压容易造成冷却剂饱和，因为，过冷度本来就不大，一不小心就会降压过多使系统出现闪蒸，给以后的操作带来困难。例如，美国 Ginna 核电厂蒸汽发生器传热管破裂事故处理中，由于冷却剂达到饱和温度，稳压器很快升到了满水位，致使操纵员终止安注操作延误了 28 min，因此泄漏也持续了 28 min，因为他们怕稳压器水位是虚假水位，而造成另一个三哩岛事故。

一般来说采用先降温后降压的方法，只要处理及时，完全可以避免过多的放射性释放。蒸汽发生器传热管破裂事故停堆初期，为达到反应堆冷却剂系统与有破管蒸汽发生器压力的平衡在所进行的冷却阶段，反应堆冷却剂系统的冷却速率可以远远超过技术规范所规定的每小时降温量限值，因为此阶段所需的温度下降度数要比技术规范所规定的 1 h 内所允许的温度下降度数要小。假设蒸汽发生器隔离后压力为 7 MPa，饱和温度约为 284 ℃，冷却剂过冷度取 22 ℃，那么全系统冷却的目标温度是 262 ℃，模拟机无负荷时冷却剂温度是 291 ℃，只需要冷却 29 ℃，比技术规范规定的冷却速度限值(每小时降温不超过 55 ℃)要小得多。

只要正常喷淋或稳压器卸压阀、辅助喷淋可用，降压速率也可以很快。因此如果处理得当，就会很快达到终止泄漏的目的。当然在终止泄漏之后，随后的冷却速率就要减小，以保证反应堆冷却剂系统冷却速度在 1 h 内温度下降总数不超过技术规范限值。

先降温后降压的方法，对于及时恢复反应堆冷却剂的装量来说，也比边降温边降压为好。

(3) 避免停止反应堆冷却剂泵

美国西屋公司的应急操作规程及以后的其他版本，都有关于停止反应堆冷却剂泵的规定，即当反应堆冷却剂系统的压力降到某一数值(如 9.65 MPa)，应停止反应堆冷却剂泵(当然还有另一个条件，即存在安注)，这一规定是在总结三哩岛事故原因的基础上作出的。他们认为，此时停止反应堆冷却剂泵虽然削弱了强迫冷却堆芯的能力，但可以减少冷却剂的丧失，利大于弊。关于蒸汽发生器传热管破裂事故的应急处理，也有停止反应堆冷却剂泵的操作，理由是虽然单纯的蒸汽发生器传热管破裂事故无需停止反应堆冷却剂泵，但怕难于判断是否还存在另外的冷却剂泄漏，因而不管情况如何，只要反应堆冷却剂系统压力降到 9.65 MPa 时，就要停止反应堆冷却剂泵。

实际上停止反应堆冷却剂泵存在以下问题：

① 首先，在蒸汽发生器传热管破裂事故初期，操纵员重要的操作之一是快速冷却反应堆冷却剂系统，以便及早终止泄漏，而停止反应堆冷却剂泵，以自然循环代替强迫循环，反应堆冷却剂系统的冷却受到了极大的限制，因而延长了泄漏时间。

② 停止反应堆冷却剂泵以后，压力容器顶盖部位成了流动死区而得不到冷却，加上持续的泄漏使反应堆冷却剂系统压力降得很低，因此，一旦停止反应堆冷却剂泵，顶盖部位冷却剂就会很快饱和从而闪蒸。

③ 反应堆冷却剂泵停止以后，反应堆冷却剂系统的降压通常要靠不断开启和关闭稳压器卸压阀来实现，而卸压阀回座的失效概率是较大的，三哩岛事故是这样，美国 Ginna 核电厂蒸汽发生器传热管破裂事故处理中也是这样，用卸压阀来控制反应堆冷却剂系统的压力比正常喷淋要差得多。而且卸压阀的反复开、关，还可能会造成稳压器卸压箱爆破膜破裂而污染安全壳。

美国核管会 1983 年初，要求核电厂根据实际情况确定与反应堆冷却剂泵停止有关的参数设定值，作这样的设定，对小破口失水事故能及时停止反应堆冷却剂泵，而对那些要求强迫循环冷却，要求控制稳压器压力的事故如蒸汽发生器传热管破裂和非失水事故所选定的参数不会达到停止反应堆冷却剂泵设定值。

为防止小破口事故冷却剂过多丧失，通常根据以下三个参数决定是否停止反应堆冷却剂泵：反应堆冷却剂系统压力，冷却剂过冷度，及一、二回路压差。西屋公司提供了一个三环路核电厂的计算实例，见表 5-3-5。计算结果表明，用反应堆冷却剂系统压力值来停止反应堆冷却剂泵，不能区别小破口失水事故和蒸汽发生器传热管破裂，因为根据小破口失水事故得到的停止反应堆冷却剂泵的压力设定值是 8.7 MPa，而蒸汽发生器传热管破裂和非失水事故的压力值则低于 8.7 MPa，因此蒸汽发生器传热管破裂和非失水事故不能避免停止反应堆冷却剂泵操作。但采用冷却剂过冷度和一、二回路压差作为停泵参数，就能将蒸汽发生器传热管破裂、非失水事故和小破口失水事故区别开来，因为蒸汽发生器传热管破裂和非失水事故的这两个参数比停止反应堆冷却剂泵的设定值都要高。

表 5-3-5　停反应堆冷却剂泵(RCP)参数

| 项　　目 | 停止 RCP 规范 | | |
|---|---|---|---|
| | RCP 压力/MPa | 冷却剂过冷度/℃ | 一、二回路压差/MPa |
| SGTR 和 Non-LOCA 瞬态最小值 | 8.4 | 20.5 | 2.41 |
| RCP 停止设定值 | 8.7 | 9.4 | 1.08 |
| 是否符合 NRC83－10 C 和 83－10 D 的区别要求 | 否 | 是 | 是 |

注:用作计算的核电厂具有高压安注系统,蒸汽发生器为 51 型,无负荷冷却剂平均温度为 286 ℃。

对蒸汽发生器传热管破裂事故的处理,应通过研究,总结运行经验,从而确定反应堆冷却剂泵停止的相关参数,争取做到在发生单纯的蒸汽发生器传热管破裂事故时,尽量避免停止反应堆冷却剂泵操作,以达到快速冷却降压。

由上所述,可以得到以下几点结论:

① 对于同样的蒸汽发生器传热管破裂事故,即使采用同一个应急操作规程,可能因处理不同,而得到大不相同的结果;

② 蒸汽发生器传热管破裂事故需要操纵员及时正确地进行干预,尽快终止泄漏,阻止放射性物质向二回路扩散;

③ 最好在蒸汽发生器水位为 20%左右时关闭主蒸汽隔离阀;

④ 反应堆冷却剂系统的快速降温降压,建议采用先降温后降压的方法;

⑤ 蒸汽发生器传热管破裂事故的处理,应尽量避免停止反应堆冷却剂泵。

## 5.4　主冷却剂丧失事故(LOCA)

本节仅对主冷却剂丧失事故(LOCA)作简单介绍。

(1) 发生主冷却剂丧失事故(LOCA)的原因

主冷却剂丧失事故定义为反应堆冷却剂管道或与冷却剂系统连接的在第一个隔离阀以内的任意管线的破裂。

发生破口的原因可能有:

- 主冷却剂回路的一根管道或辅助系统的管道破裂
- 主冷却剂系统的一个阀门意外打开或不能关闭
- 泵的轴封或阀杆泄漏
- 一根管道完全断裂

失水事故的后果随破口的大小、位置和初始状态的不同而有明显的不同,可以分为以下几种情况:

① 微小破口——当量直径≤9.5 mm

由于破口较小,冷却剂的泄漏可以通过化学容积控制系统的上充得到补偿,稳压器的压力和水位不会降低到安注启动整定值以下,但必须尽快使反应堆进入冷停堆状态,防止事态的进一步扩大。

② 小破口——当量直径 9.5～25 mm

发生小破口时，由于依靠化学容积控制系统的上充流量不足以补偿冷却剂的泄漏，稳压器的压力和水位都会下降，直到反应堆紧急停堆和安注投入，进入事故工况。破口的泄漏通过安注的投入来补偿，因此堆芯不会裸露，堆芯的剩余衰变热主要由 SG 导出，尽量防止安全壳喷淋系统的启动。使用正常的冷却和降温方法可以使反应堆转到冷停堆状态。

③ 中破口——当量直径 25～345 mm

与大破口相比，稳压器压力下降的瞬态变化要缓慢一些，紧急停堆和安注投入也要迟一些，堆芯仍处于淹没状态。安全壳内压力不一定能达到高定值(H4)，安全壳喷淋系统不一定自动启动。

安注启动后，若一回路压力下降太快，必须停止主冷却剂泵，以避免堆芯更严重的裸露。

对于接近下限的破口，可以用处理小破口的方法将反应堆过渡到冷停堆状态。

由于破口的卸压使一回路达到饱和状态，用 SG 来冷却可以降低其压力，从而减少破口的泄漏流量。

当堆芯完全淹没时，因为泄漏流量和注入流量之间达到平衡，所以一回路压力渐渐稳定下来。由于冷却的继续，系统将最终恢复到欠饱和状态。

④ 大破口——当量直径 345 mm～最大的一回路管道双端剪切断裂

稳压器的压力迅速下降直至等于安全壳内的压力，由于大量的冷却剂释放到安全壳内，安全壳内的压力和温度将升高，SG 的压力同时也逐渐下降，当稳压器压力降到“低”和“低-低”时，将分别启动紧急停堆和安注。

⑤ 余热排出系统连接时的破口

当余热排出系统连接时，由于系统压力有限制，主回路系统发生破口的可能性极小，这时的破口主要发生在化学容积控制系统或余热排出系统的回路上。

(2) 分析及验收准则

对 LOCA 失水事故进行分析时，有三个重要参数要考虑：

- 破口的大小
- 破口的位置
- 系统设备的初始状态

根据 LOCA 失水事故发生的频率和后果，它们可能为Ⅱ、Ⅲ、Ⅳ类工况。

第Ⅱ类工况为可快速隔离破口(如稳压器的一个或两个保护阀意外打开，依靠隔离阀可以快速关闭)，这时 DNBR 仍满足要求。

第Ⅲ类工况为一回路小破口(如稳压器的一个安全阀意外打开且不能回座)。

第Ⅳ类工况为中破口、大破口和稳压器气相管道破裂，应遵守以下 ECCS 准则：

- 包壳温度的最大计算值不应超过 1 204 ℃
- 包壳的计算总氧化量在任何一点不应超过氧化前包壳厚度的 17%
- 所产生的氢的总量应小于所有包壳都反应掉所产生的氢量的 1%
- 堆芯的计算几何形状应能被冷却
- 在堆内长半衰期的放射性产物衰变所需要的时间内，应能保证这一长时期的冷却

(3) 大破口 LOCA 的主要演变过程

① 降压的力学影响

- 降压波在回路中的传播

• 主泵超速：下游出现大破口时，由于主泵的出口处压力突然下降，这台主泵就会超速运转。上游出现大破口时，泵内的流动将反向，转动也反向。在这种情况下，主泵转动飞轮的惯性很重要，它的设计应考虑能抗拒这种作用

• 控制棒驱动机构、堆内构件、压力容器、一回路的支撑件在设计中均要考虑接受这种冲击

② 热工水力的影响

一般的热工水力过程分为：

• 一回路快速降压、排空
• 堆芯再淹没
• 燃料棒再浸湿

重点考虑燃料和安全壳。

对于燃料棒，有以下方面的考虑：

• 温度的变化
• 包壳的机械特征
• 锆-水反应

对于安全壳，有以下方面的考虑：

• 间隔的压力上升
• 安全壳内的压力上升
• 堆坑的压力上升
• 热应力和机械应力
• 安全壳内的氢气

(4) 风险

LOCA 失水事故至少使第二道屏障暂时失去完整性，并对其他两道屏障和一回路部件及其支撑构件产生危险，主要包括以下三个方面：

燃料元件包壳——发生 DNB 及锆水反应；

安全壳——温度压力升高及氢爆；

一回路——降压波及流体喷射的冲击。

(5) 采取的措施

设计阶段，考虑到一回路破口形成的冲击，按以下 4 个基本准则来设计：

a. 某一环路的主管道破裂不应导致另一环路的主管道破裂；

b. 某一环路的某一段破裂不应导致同一环路的另一段破裂；

c. 一回路管道破裂不应导致二回路管道破裂；

d. 一回路管道破裂不应导致一回路设备的损坏。

自动保护要达到以下目的：

• 停止产生核功率
• 当堆芯出现失水危险时应避免或限制堆芯失水
• 压力容器下封头再充水和堆芯再淹没
• 限制安全壳内的峰值压力，特别是限制温度升高
• 禁止放射性物质释放到安全壳外

手动保护达到以下目的：

- 为保证安全壳的密封性，在一定条件下手动启动 EAS 喷淋
- 堆芯长期冷却的建立需要冷端、热端的安全注入转换
- 余热排出系统连接时的破口处理可能需要手动启动低压安注

## 5.5 主蒸汽管道破裂事故(MSLB)

本节仅对主蒸汽管道破裂事故(MSLB)作简单介绍。

(1) 发生主蒸汽管道破裂的原因

主蒸汽管道破裂事故定义为，除了蒸汽回路的一根管道(主管道或管嘴)出现破裂外，还包括蒸汽回路上的一个阀门(安全阀、排放阀和旁路阀)意外打开所导致的事故。

二回路上的一个阀门意外打开，可能是由于调节系统的误动作、机械故障或运行人员的误操作所造成的。

以纯粹的蒸汽管道破裂来说，其原因可能是：

- 过大的机械应力或热应力
- 制造过程中遗留的缺陷
- 内部飞射物
- 地震等

按照破口的大小，MSLB 事故可以是Ⅱ、Ⅲ、Ⅳ类工况：

Ⅱ类工况——破口尺寸相当于 SG 一个安全阀打开的尺寸，即一个 SG 安全阀意外打开并卡死；

Ⅲ类工况——破口尺寸大于一个安全阀打开形成的破口，且不能隔离；

Ⅳ类工况——安全壳内蒸汽主管道的完全断裂。

(2) 分析及验收准则

对于 MSLB 事故，分析中主要关注：

① 一回路冷却过速导致重返临界，堆芯的功率脉冲是否会引发燃料元件损伤？

② 安全壳能否承受蒸汽的高温高压？若断裂发生在安全壳外，是否有明显的厂外放射性后果？

③ 一回路冷却过度，是否有可能造成一回路压力边界材料的受压冲击？

④ SG 一、二次侧间的高压差是否可能引起 SGTR 事故或管板损坏？

针对 MSLB 事故，虽然有可能达到Ⅳ类工况，但其验收准则却按Ⅱ类工况要求，即应遵守的准则是：DNBR≥1.23。

以前曾十分关注 MSLB 事故后的重返临界问题，现在这一看法已有所改变。只要燃料元件不发生 DNB，重返临界并没有严重后果。而且，MSLB 后安注投入，向堆内注入含硼为 9 200～11 000 ppm 的冷却剂，最终可以将反应堆转入长期稳定的次临界状态，即使重返临界也将是非常短暂的现象。

(3) 风险

MSLB 事故带来的风险可能涉及三道屏障：

核燃料元件包壳——堆芯功率由于过冷而不可控地增加，导致烧毁现象的产生，从而导

致元件包壳的损坏；

一回路压力边界——一回路构件的突然冷却造成冷冲击，从而产生热应力；SG 的突然卸压造成 U 形管束产生强烈的震动，从而产生机械应力；

安全壳——破口发生在安全壳外，则旁路了第三道屏障；破口发生在安全壳内，则会造成安全壳内的温度压力上升。

(4) 采取的措施

① 设计阶段

一方面限制二回路的功率需求以限制一回路的冷却程度；另一方面限制堆芯反应性的引入以限制冷却事故的后果：

- SG 的出口安装蒸汽流量限制器
- 安全壳外安装主蒸汽隔离阀
- 主蒸汽管道的加固(保护段)
- 高浓度硼酸罐 RIS004BA(9 200～11 000 ppm)
- 足够的控制棒以保证紧急停堆所需的负反应性

② 自动保护

发生 MSLB 事故时，有一系列的自动保护会投入：

- 紧急停堆
- 安注启动
- 正常主给水隔离和辅助给水系统启动
- 主蒸汽管道的隔离
- 安全壳喷淋的投入

③ 手动保护

发生 MSLB 事故时，要求操纵员进行干预：

- 尽快找出破口位置
- 尽早隔离受损 SG 相关的 ASG 给水
- 寻找对一回路加硼的可能性(RIS 或 RCV)
- 限制一回路升压和 PZR 的充水

总之，对于以上诸事故均遵循各核电厂相应的事故规程进行处理。

## 复习思考题

1. 简述三哩岛(TMI)事故前后应急运行规程的特点。
2. 美国西屋(Westinghouse)公司应急响应导则(ERG)包括哪三部分？
3. 什么是最佳恢复导则(ORG)？其处置哪四个基本事故类型？
4. 什么是功能恢复导则(FRG)？
5. 关键安全功能 CSF 包括哪六个方面？
6. 未紧急停堆的预期瞬变(ATWS)的定义是什么？
7. 试比较泄漏终止后，三种 SGTR 后的冷却方法。

## 参考文献


[1] 郑福裕，邵向业，丁云峰编著．压水堆核电厂运行．北京：原子能出版社，1998.

[2] 广东核电培训中心编．900 MW 压水堆核电站系统与设备．北京：原子能出版社，2004.

[3] 核电秦山联营有限公司．核电厂高级运行．秦山第二核电系列培训教材，2005.

[4] 秦山第二核电厂技术规格书．